Mathieu Gaulène

LE NUCLÉAIRE EN ASIE

Fukushima et après ?

Éditions
Philippe Picquier

L'Asie immédiate
Collection dirigée par Jean-Marie Bouissou

Déjà parus

Les Géants d'Asie en 2025
Chine, Japon, Inde

Internet en Asie
Chine, Corée du Sud, Japon, Inde

Le Monde vu d'Asie
Chine, Inde, Japon

Argent, fortunes et luxe en Asie
Japon, Chine, Inde

Être jeune en Asie
Chine, Inde, Japon

La Démocratie en Asie
Japon, Inde, Chine

Mas de Vert
B.P. 20150
13631 Arles cedex

www.editions-picquier.fr

Conception graphique : Picquier & Protière

ISBN : 978-2-8097-1159-2
ISSN : 1251-6007

Imprimé à Barcelone par CPI BLACK PRINT

Dépôt légal : février 2016

L'Asie, terre d'avenir pour le nucléaire

Depuis le début du siècle, l'Asie a des allures d'eldorado pour l'industrie nucléaire. Aux Etats-Unis et en Europe, les capacités de production semblent avoir atteint leur apogée, et le choix du nucléaire est remis en cause un peu partout. Mais dans une Asie en plein développement économique (hors Japon), les besoins en énergie croissent sans cesse. Le nucléaire offre à ces pays émergents, du moins en théorie, l'avantage géostratégique et économique de réduire leur dépendance aux hydrocarbures importés, et l'avantage écologique de diminuer la pollution atmosphérique au dioxyde de carbone qui étouffe leurs grandes villes, notamment en Chine.

Il en résulte que, sur 64 réacteurs en construction dans le monde au moment où ce livre est écrit, 38 le sont en Asie : 21 en Chine, 6 en Inde, 2 au Japon[1], 3 au Pakistan, 4 en Corée du Sud, et 2 à Taiwan. Sans compter des centaines qui sont encore dans les cartons. Mais si les constructeurs occidentaux, japonais et russes se frottent les mains, ils voient avec inquiétude la Corée du Sud émerger comme nouvel

1- L'un à Shimane et l'autre à Ôma. Les travaux, interrompus au lendemain de la catastrophe de Fukushima, ont été autorisés à reprendre dès septembre 2012.

exportateur de centrales clés en main à prix cassés, et la Chine s'apprêter à la suivre.

L'Asie, terre de prolifération des armes atomiques

Depuis ses débuts, l'histoire de l'arme nucléaire est intimement liée à celle de l'Asie. Hiroshima et Nagasaki, bien sûr. Mais aussi la Chine réussissant à passer de la bombe A à la bombe H en seulement trois ans (1964-1967). Les 11 essais nucléaires indiens et pakistanais du mois de mai 1998, et la prolifération qui s'est ensuivie, sous les yeux de l'Occident, impuissant à l'arrêter. Le réseau du Dr Abdul Qadeer Khan, grand maître de la prolifération clandestine, et les gesticulations nucléaires à répétition du régime nord-coréen. C'est bel et bien l'Asie qui a battu en brèche la prétention des trois puissances occidentales et de l'URSS, détentrices de la bombe atomique, à s'en arroger le monopole, *via* le traité de non-prolifération (TNP) signé en 1968.

La Chine s'est dotée de la bombe dès 1964. Sa doctrine officielle en limite strictement l'emploi à la riposte contre une attaque nucléaire, et son arsenal (260 ogives) est cinq à six fois moindre que ceux des Etats-Unis et de la Russie. Mais, dans une région où sa montée en puissance crée des tensions de plus en plus fortes, c'est très suffisant pour que Pékin regarde sans crainte les plus grandes puissances.

Son grand rival, le Japon, seul pays à avoir subi la terrible expérience du feu nucléaire, se refuse par principe à se doter d'armes atomiques, dont la protection américaine lui permet au demeurant de se passer sans risque. Il n'en a pas moins fait officiellement savoir, dès 1994, qu'il possède la capacité de s'en doter. Au cas où…

La Corée du Nord multiplie les menaces plus ou moins spectaculaires depuis son premier essai nucléaire (2006). Mais, si l'on comprend ces gesticulations pour ce qu'elles sont très probablement – une stratégie « du fort au fou », dont le seul but est d'assurer la survie du régime –, le danger du petit arsenal nord-coréen, si mal connu soit-il, semble très limité.

La plus grande menace a semblé venir de l'Asie du Sud. L'Inde et le Pakistan – deux pays archi-ennemis, nés en 1947 dans le déchirement et les massacres, et qui se sont affrontés depuis dans quatre guerres d'intensité variable – détiennent tous deux l'arme atomique depuis (officiellement) 1998. Ils constituent un cas d'école pour la question que les théoriciens des relations internationales n'ont jamais résolue : l'arme nucléaire est-elle un facteur de paix ou un risque totalement insupportable pour toute l'espèce humaine ? Le sous-continent a aussi été un foyer de prolifération clandestine, notamment vers le Moyen-Orient, dont l'ampleur a été (partiellement) révélée par la mise au jour en 2003 du gigantesque réseau de trafic monté par le père de la bombe pakistanaise.

L'Asie, terre de victoires pour les antinucléaires depuis Fukushima ?

La catastrophe de Fukushima, dont le gouvernement japonais prévoit que les dégâts ne seront pas effacés avant les années 2050, au mieux, a singulièrement assombri les perspectives du nucléaire en Asie comme à l'échelle planétaire. La troisième économie du monde totalement privée d'énergie nucléaire pendant plus de trois ans sans que le ciel lui tombe sur la tête, voilà une expérience que tous les nucléocrates du monde voudraient bien cacher au public[1]. Ils croisent aujourd'hui les doigts pour que le gouvernement du Parti libéral démocrate (PLD), indéfectiblement pronucléaire, parvienne à relancer les 43 réacteurs à l'arrêt, en dépit de l'hostilité manifestée par une très forte majorité de la population. Le PLD devra pourtant compter avec un mouvement antinucléaire qui avait été presque étouffé par une propagande jouissant de moyens quasi illimités, mais qui renaît depuis mars 2011 avec une vigueur nouvelle. Deux réacteurs ont redémarré en 2015, mais ce n'est pas demain que le parc japonais tournera de nouveau à plein régime, et c'en est très probablement fini à jamais de son extension.

Fukushima a aussi revigoré le mouvement antinucléaire un peu partout en Asie. Taiwan pourrait bien être sur le chemin de la sortie du nucléaire d'ici moins de dix ans. Aux Philippines, la seule centrale

1- Ils y parviennent au demeurant au Japon même, dont une partie de la population, et pas la moins éduquée, ne le sait pas. Incroyable mais vrai : voir p. 190-191.

construite, mais jamais démarrée, pourrait être transformée en musée. En Indonésie, en Thaïlande, en Malaisie, les projets de construction des premières centrales ont été abandonnés ou reportés *sine die*. Tout comme, pour l'instant, le projet de transformer le désert de Gobi (Mongolie) en poubelle pour les déchets de l'industrie nucléaire d'Asie, voire du monde. Enfin, au Vietnam, l'ambitieux programme de développement du nucléaire civil à marche forcée se trouve très ralenti.

Pour autant, la catastrophe de Fukushima n'a pas conduit à une remise en cause générale de l'option nucléaire en Asie. En Chine – acteur essentiel –, les antinucléaires sont presque inaudibles : pour faire taire les contestataires, le régime s'y entend ! En Corée du Sud, aujourd'hui pays le plus nucléarisé d'Asie, ils ont peu d'impact. En Inde, ils sont fichés comme « antinationaux », privés de passeport, parfois interdits d'exister, et la police n'hésite guère à tirer sur les paysans et les pêcheurs qui résistent aux expropriations nécessaires à la construction des centrales nucléaires. Celle-ci va bon train dans ces trois pays majeurs, d'autant plus qu'ils entendent bien devenir eux-mêmes exportateurs des technologies et des savoir-faire qu'ils se font transférer par les constructeurs auxquels ils ouvrent leur marché.

Quel nucléaire civil en Asie après Fukushima ?

D'Hiroshima à Fukushima. Le nucléaire au Japon

Un ouvrage sur le nucléaire en Asie ne peut que débuter par le Japon. Car c'est là que tout a commencé, à Hiroshima, et que tout a peut-être failli se terminer, à Fukushima.

Le 11 mars 2011 restera gravé dans l'histoire du Japon. Ce jour-là, à 14h46, un séisme d'une magnitude exceptionnelle de 9 sur l'échelle de Richter frappe la région du Tôhoku, au nord-est de l'île principale de Honshû, déclenchant un tsunami monstrueux. Par endroits, les vagues atteignent 38 mètres de haut. La mer saute les digues, emporte maisons, infrastructures, forêts entières, et charrie des carcasses de voitures par milliers. On comptera plus de 20000 morts et disparus. Sous les yeux effarés du monde entier, c'est un film-catastrophe qui se déroule en direct. Et il en met en route un autre, dont les conséquences potentielles sont encore bien pires.

Le cataclysme a endommagé les centrales nucléaires de la région. Celle d'Onagawa connaît un début d'incendie. Celle de Fukushima-2 est touchée par le tsunami. Mais le pire s'est produit à Fukushima-1, l'une des plus vieilles centrales de l'Archipel, où le système de refroidissement a été noyé. Les cœurs de trois réacteurs commencent à fondre, provoquant pendant plusieurs jours une série d'explosions qui plongent le pays dans l'angoisse.

Dans la précipitation, le gouvernement fait évacuer une zone d'abord de 3 km de rayon autour de la centrale éventrée, puis de 20 km. Plus de 170000 réfugiés s'ajoutent aux 450000 du tsunami. La radioactivité se répand en quantités gigantesques dans l'atmosphère et l'océan Pacifique[1]. Les propos rassurants des autorités peinent à masquer la confusion dans laquelle se déroulent les tentatives désespérées pour reprendre le contrôle de la centrale, avec des moyens parfois dramatiquement improvisés (voir p. 31).

Le monde découvre avec effarement que, vingt-cinq ans après Tchernobyl, un désastre nucléaire est toujours possible, même dans un des pays technologiquement les plus avancés de la planète. Et que le pays des cerisiers en fleur, des cérémonies du thé et du gentil Totoro est aussi le troisième le plus nucléarisé du monde.

1- Selon l'Agence de sûreté nucléaire et industrielle (NISA), plus de 770000 térabecquerels se sont déversés dans l'atmosphère dans la première semaine du sinistre. Tepco, l'exploitant de la centrale, parle de plus de 900000 dans les trois premières semaines, sans compter la contamination marine, d'une ampleur inédite. Un térabecquerel = 10^{12} becquerels. Le becquerel, unité la plus courante pour mesurer la radioactivité, correspond à la désintégration d'un noyau atomique par seconde.

A- Une surprenante conversion

La surprenante conversion du Japon à l'atome

Jusqu'à Fukushima, le Japon était le troisième producteur mondial d'énergie nucléaire, avec 250 térawatts-heure (TWh) en moyenne produits par an, derrière les Etats-Unis (800 TWh) et la France (400 TWh). Avec plus de 58 milliards de dollars depuis le début des années 1980, c'est aussi le pays de l'OCDE qui avait investi le plus dans l'atome civil. A son plus haut niveau, celui-ci lui a fourni 31 % de son électricité (mais seulement 10 % de son énergie primaire[1]).

On peut s'étonner qu'un pays ayant connu le feu nucléaire se soit ensuite lancé ainsi dans l'industrie nucléaire, fût-elle à usage civil. Pourtant, c'est dès 1955, à peine dix ans après Hiroshima et Nagasaki, que le Japon a engagé son programme de recherche dans ce secteur.

Il l'a fait avec la bénédiction et l'aide des Etats-Unis, devenus les protecteurs de leur ancien ennemi. En 1951, quand le traité de paix de San Francisco met fin à l'occupation américaine de l'Archipel, deux

---

1- Les promoteurs de l'atome le survalorisent en entretenant la confusion entre électricité et « énergie primaire », qui comprend aussi toutes les autres formes d'énergie utilisées pour le chauffage, les transports, etc. Le nucléaire fournit à la France 75 % de son électricité, mais seulement 17 % de son énergie primaire. Au niveau mondial, en 2012, le nucléaire représentait 11 % de l'électricité produite, mais seulement 4,5 % de l'énergie primaire (International Energy Agency, *Key World Energy Statistics 2015*).

clauses passent presque inaperçues. Elles autorisent le Japon à entreprendre à nouveau des recherches sur les armements, mais aussi sur le nucléaire. Pendant les négociations, cette autorisation a été notamment demandée aux Américains par le député conservateur Yasuhiro Nakasone. En 1970, alors ministre de la Défense, M. Nakasone sera le premier à déclarer que le Japon ne doit pas s'interdire de disposer de petites armes nucléaires à « usage défensif ». Et il deviendra Premier ministre (1982-1987).

L'ère du nucléaire civil s'ouvre au Japon le 2 mars 1954, quand M. Nakasone soumet à la Diète une proposition de budget destiné au développement de cette énergie. Il revient tout juste d'une mission aux Etats-Unis, où il s'est beaucoup renseigné sur le sujet. L'année précédente, le ministère japonais du Commerce international et de l'Industrie (MITI – aujourd'hui METI), fer de lance de toute la politique industrielle d'après-guerre, n'avait pas manqué de prendre bonne note du discours de décembre 1953 devant l'Assemblée générale des Nations unies, dans lequel le président américain Eisenhower faisait l'éloge de l'« atome pour la paix » (*atoms for peace*), et d'y voir un feu vert.

Une avancée très rapide

En 1955, le PLD, qui dirige encore le Japon aujourd'hui, fait voter la loi fondamentale sur l'énergie nucléaire, alors que le MITI lance un programme de recherche doté de 5 milliards de yens. Ce programme bénéficie aussi d'une aide non négligeable des Etats-

Unis. Un bureau scientifique du MITI est installé à Washington afin de récolter toute l'information possible sur la technologie américaine.

La rapidité avec laquelle la décision de s'engager dans le nucléaire civil a été prise est exceptionnelle au regard de la lenteur habituelle du processus de prise de décision politique au Japon. Cette rapidité donne toute la mesure de l'importance que le gouvernement conservateur attache à donner au Japon la maîtrise de la technologie nucléaire.

Le programme se met en place très rapidement. Dès 1956, le gouvernement crée une Commission à l'énergie nucléaire (Genshiryoku iinkai), chargée de trouver des sites. C'est le village de Tôkai-mura, dans la préfecture d'Ibaraki, qui est choisi pour accueillir le premier réacteur expérimental japonais, le Genken n° 1, mis en service en 1957, soit un an seulement après son homologue français de Marcoule. Il faudra ensuite moins de dix ans pour mettre en service le premier réacteur commercial, le Tokai-1 (1966). D'autres suivent avant la fin de la décennie, dont ceux de Fukushima-1. Ils sont construits avec le concours de General Electric, qui fait bénéficier le Japon d'un véritable transfert de technologie – mais avec des normes de sécurité qui étaient dramatiquement obsolètes en 2011 (voir p. 35).

Par comparaison, en France, il s'est passé presque vingt ans entre la création du Commissariat à l'énergie atomique (CEA, 1945) et la production de quelques kilowatts-heure par le premier réacteur commercial d'EDF à Chinon (1963). Il est vrai que les recherches, notamment dans les réacteurs expérimentaux de Marcoule, visaient par priorité à fabriquer des bombes nucléaires. La production d'électricité n'était alors qu'un enjeu accessoire. Au Japon, où elle était le seul enjeu officiel, tous les moyens se sont concentrés sur le programme civil.

Aucune opposition au nucléaire civil

Ce programme ne suscite presque aucune opposition. Le mouvement antinucléaire naissant se polarise sur les armes atomiques, ce qui se comprend aisément. Il prend une ampleur nationale en 1954, quand les retombées radioactives du premier essai américain de la bombe H, sur l'atoll de Bikini, touchent un chalutier japonais, le *Daigo Fukuryû Maru*. Les 23 membres d'équipage sont gravement irradiés, et l'un d'eux meurt. Une pétition nationale contre les armes et les essais nucléaires recueille plus de 30 millions de signatures – soit celles d'environ 40 % des Japonais d'âge adulte.

Mais les grandes organisations antinucléaires créées dans la foulée de cette mobilisation sont très politisées. Le Gensuikyô et le Gensuikin, affiliées respectivement au Parti communiste et au Parti socialiste, donnent la priorité aux aspects géostratégiques du nucléaire, dans une optique antiaméricaine, sans faire aucun lien avec son usage civil. Un lien que fait encore moins le Kakkinkaigi, proche du PLD.

Les années 1970 : l'idylle des Japonais et de l'atome

Les années 1970 sont la période cruciale où le Japon construit la plupart de ses centrales. Suite au choc pétrolier de 1973 et à la révolution iranienne (1979), le gouvernement mise tout sur le nucléaire pour que l'Archipel ne dépende plus des hydrocarbures pour son électricité. Prenant exemple sur la France, le PLD, le MITI et les compagnies d'électricité, main dans la main, mettent en place un ambitieux programme qui prévoit de porter à 50 % la part du nucléaire dans le mix énergétique japonais à l'horizon 2000. Pas moins de 18 réacteurs sont construits en dix ans à Fukushima-1 (6) et dans les centrales de Hamaoka, Mihama, Ôi et Takahama (2 chacune), Genkai, Ikata, Shimane et Tôkai-mura (1 chacune).

Les Japonais semblent être devenus amoureux de l'atome. Dans les années 1960 et 1970, une série de sondages réalisés par le gouvernement montrent qu'environ 60 % des personnes interrogées sont favorables à la construction de nouvelles centrales. Le nucléaire est perçu non seulement comme un progrès technique, mais aussi comme un vecteur de progrès social qui permettra à l'humanité entière de sortir de la misère et de s'engager sur la voie de la prospérité. C'est ce qu'on appelle alors la « révolution nucléaire ».

De si gentils héros atomiques

Les plus grands succès de la culture populaire japonaise des années 1950, 1960 et 1970 participent largement à cette célébration de l'atome. Le premier *Godzilla*, sorti l'année de l'incident du *Daigo Fukuryû Maru*, était pourtant une charge violente contre la bombe H, dont les radiations sont censées avoir réveillé et fait muter le monstre. Mais dès l'année suivante, dans *Godzilla contre-attaque*, l'un des protagonistes suggère que l'atome serait bien utile pour l'éliminer. Et, dans la longue suite de la série, la créature du nucléaire, si monstrueuse soit-elle, n'en devient pas moins sympathique et protège parfois l'Archipel d'autres dangers, comme dans *Godzilla vs. Hedorah* (1971), un monstre marin né de la pollution.

Le héros de manga le plus populaire auprès des petits *baby-boomers* des années 1960 est le gentil petit robot rebaptisé Astro Boy en français, alors que son nom japonais est Tetsuwan Atomu, « Puissant Atom ». Doté d'un cœur nucléaire qui lui permet de se déplacer à une vitesse supersonique et lui confère une force démesurée, sa gentillesse, son caractère familier (il va à l'école comme tous les enfants) et ses combats contre les méchants de toute espèce donnent une image enchantée de l'atome. La première série animée de la télévision japonaise sera *Atomu*, dont les records d'audience n'ont jamais été battus. Autre mignon robot atomique : Doraemon, le chat bleu venu du futur et le meilleur ami des enfants, qui fait son apparition en 1969 et dame bientôt le pion à Mickey auprès des petits Japonais.

Surprenant retournement de situation au pays d'Hiroshima, d'autant que le père d'*Atomu*, Osamu Tezuka, est un pacifiste fervent et volontiers contestataire. Mais lui aussi est emporté par l'engouement pour l'« atome pour la paix ». Et si l'opinion s'en éprend au Japon comme nulle part ailleurs, on peut penser que ce n'est pas « malgré » l'holocauste d'Hiroshima, mais bien « à cause » de lui. Car quel meilleur moyen peut-il y avoir pour exorciser le souvenir apocalyptique du feu nucléaire que de domestiquer cette énergie terrifiante pour la mettre au service de la prospérité du pays même qu'elle a dévasté ?

Les années 1980.
Le début du désamour

Les choses se compliquent dans les années 1980. En 1979, l'accident de Three Mile Island sonne comme un premier avertissement. En 1986, celui de Tchernobyl fait l'effet d'une douche froide, au Japon comme dans le reste du monde. L'opinion publique semble se retourner. A Tôkyô, le 23 avril 1988, une manifestation antinucléaire rassemble pour la première fois 20 000 personnes, et un sondage commandé par le cabinet du Premier ministre montre que plus de 86 % des sondés ne sont plus favorables au nucléaire. Des résistances locales plus têtues apparaissent face aux nouveaux projets de centrales (voir p. 145). Pour la première fois, l'objectif de 50 % d'énergie nucléaire pour le Japon en 2000 semble menacé.

Face à cette fronde, le MITI réagit en créant dès août 1988 un bureau spécial chargé de la communication sur le nucléaire, qui se met à inonder les journaux de publireportages. Réaction très significative de l'importance première que revêt l'opinion publique pour les zélateurs du nucléaire.

B- La « machine à faire accepter »

« Allergie à l'atome » et « village nucléaire »

Un des principaux obstacles que l'industrie nucléaire rencontre est la méfiance des populations. Il lui faut gagner ce que les communicants appellent la *public acceptance*. En la matière, le Japon a constitué le meilleur laboratoire possible car aucun pays au monde n'avait d'aussi bonnes raisons de se méfier de l'atome. Et la « machine à faire accepter » y a fait merveille, du moins dans un premier temps.

Pour dénigrer la méfiance des Japonais, la stratégie des communicants du nucléaire a été de la présenter comme une peur irrationnelle. Ils forgent à cet effet le terme « allergie des Japonais à l'atome » (*Nihonjin no kaku arerugî*). Pour combattre cette « allergie », l'industrie nucléaire a pu compter sur la coalition écrasante des médias quasiment unanimes, de la propagande organisée par l'appareil étatique (MITI en tête), de la classe politique, droite et gauche confondues, des syndicats et des nucléocrates du monde entier. A quoi s'est ajouté l'argent déversé massivement sur les communautés qui se laissaient convaincre d'accepter les centrales sur leur territoire. Sans oublier la dissimulation systématique des incidents et accidents qui pouvaient inquiéter l'opinion.

Les Japonais ont baptisé cette coalition le « village nucléaire » (*genshiryoku mura*). Car, comme dans une petite communauté villageoise, tout le monde connaît tout le monde, le cousinage est généralisé et les relations incestueuses sont nombreuses. Les rivalités qui peuvent apparaître entre les membres s'effacent devant l'intérêt commun, et ce qui se passe hors de la communauté n'a pas d'importance.

Une presse quasiment unanime

Du côté des médias, le grand chef d'orchestre de la propagande pronucléaire est l'un des « hommes de l'ombre » (*kuromaku*) les plus influents de la politique japonaise de l'après-guerre : Matsutarô Shôriki, ancien officier de police et président du plus puissant groupe de presse nippon, qui édite le très conservateur *Yomiuri Shimbun* et possède la chaîne de télévision Nippon TV. Avec plus de 10 millions d'exemplaires, le *Yomiuri* se flatte d'être le quotidien qui a le plus gros tirage au monde. Dès le début des années 1950, il fait campagne sans discontinuer pour le nucléaire civil, avec d'autant plus d'enthousiasme que M. Shôriki a été nommé... à la tête de la Commission pour l'énergie nucléaire !

En étroite concertation avec le MITI et les grandes compagnies d'électricité, le *Yomiuri* publie en 1954 – entre autres – une série d'articles intitulés « On a enfin pu saisir le soleil ! », censés familiariser les lecteurs avec la technologie nucléaire. Il organise l'année suivante une « Exposition sur le nucléaire pour la paix », avec la participation de l'United States Information Service. Car le gouvernement américain et la CIA, qui ont porté le programme nucléaire japonais sur les fonts baptismaux, restent à la manœuvre aux côtés des nucléocrates nippons.

Pour s'assurer la bienveillance des médias, les compagnies d'électricité investissent des sommes colossales en publicité. En 2010, à la veille de l'accident de Fukushima, elles y ont consacré l'équivalent de 885 millions de dollars, et Tepco se classait au dixième rang des entreprises japonaises par l'importance de son budget publicitaire.

Un appui au-delà des clivages politiques

Cette manne publicitaire peut aider à expliquer pourquoi le *Asahi Shimbun*, deuxième plus grand quotidien nippon, et sa chaîne de télévision ne sont pas en reste dans la promotion du nucléaire, bien que marqués au centre-gauche. Mais une autre raison est que les très puissants syndicats des compagnies d'électricité, dont le soutien électoral et les subsides sont très importants pour le Parti socialiste japonais, sont totalement favorables au programme nucléaire. En 1957, quand le réacteur expérimental de Tôkaimura démarre, le *Asahi* salue donc une « date mémorable pour le Japon ». Et il ne cesse de répéter lui aussi à longueur d'articles que le nucléaire civil ne présente aucun risque.

L'influence syndicale explique ainsi que le nucléaire bénéficie d'un soutien quasi unanime dans la classe politique. Après l'implosion du Parti socialiste en 1996, cette influence a bénéficié au Parti démocrate japonais (PDJ). C'est ce dernier qui était au pouvoir au moment de la catastrophe de Fukushima et qui, après quelques hésitations, n'a pas voulu pousser le Japon vers la sortie du nucléaire (voir p. 58).

NHK :
la voix de son maître

Le « village nucléaire » a toujours pu compter sur la chaîne de télévision publique NHK. Depuis Fukushima, celle-ci a bien mérité de l'atome. Depuis cinq ans, son discours sur la catastrophe et ses suites consiste pour l'essentiel en un mélange de considérations larmoyantes (toujours moins), d'appels à l'effort et la « ténacité » japonaises, et d'optimisme de commande (toujours plus).

Certes, ses journalistes ont aussi fait un travail très précis de reconstitution de l'accident, avec leur série de documentaires *Meltdown*. Mais ils n'ont jamais enquêté sur la question taboue des conséquences sanitaires et sociales de cet accident pour les populations de la préfecture de Fukushima. Et si la parole est donnée fréquemment aux autorités, à Tepco et aux experts pronucléaires, les antinucléaires sont *persona non grata* sur la NHK, qui assume sans états d'âme sa mission d'être la voix de son maître, à l'instar de son président, Katsuto Momii, un proche du Premier ministre Abe, déclarant lors de sa prise de fonction en janvier 2014 : « Nous ne pouvons pas dire "gauche" quand le gouvernement dit "droite". »

Propagande officielle : la « journée du nucléaire »

Depuis la mise en service du premier réacteur commercial nippon le 26 octobre 1966, l'Etat a fait officiellement de cette journée la « journée du nucléaire » (*genshiryoku no hi*). Chaque année, à cette date, de multiples manifestations sont organisées pour faire l'apologie du nucléaire : concours d'essais ou de posters vantant les bienfaits et la sécurité de cette énergie pour les collégiens et lycéens, concerts gratuits, excursions scolaires dans les musées du nucléaire (*genshiryoku PR sentâ*[1]) qui parsèment l'Archipel, production de petits dessins animés…, tout est bon.

Les posters sont aussi largement utilisés par l'Agence pour la science et la technologie (*Kagaku gijutsu chô*) qui coordonne la journée à la gloire de l'atome. En 1976, son directeur Sôsuke Uno, qui deviendra plus tard Premier ministre, charge onze designers et graphistes connus de réaliser des posters avant-gardistes pour ce beau jour. En 1977, leur première création fait sensation. Sur fond de néons bleus et rouges du quartier ultra-chic de Ginza, un couple s'embrasse passionnément. *Vous ne vous sentez pas concernés ?*, dit seulement le slogan. A l'époque, représenter une étreinte amoureuse sur une

1- Centres de relations publiques de l'énergie nucléaire.

affiche est une rareté. Des dizaines de journalistes se bousculent à la conférence de presse de présentation de l'œuvre, qui bénéficie d'une énorme couverture médiatique nationale.

En 1978, l'agence réitère ce joli coup avec un poster qui sera dénoncé par des organisations féministes nippones. Il montre une jeune Japonaise nue qui se cache pudiquement les seins de ses deux bras. La légende – *Allergique à l'énergie* (*enerugî arerugî*) – renvoie à la fameuse « allergie à l'atome », utilisée pour dénigrer les opposants au nucléaire, en suggérant sans trop de finesse que, pour la jeunesse, redouter le nucléaire serait aussi « antinaturel » que d'hésiter devant l'énergie sexuelle[1].

La bonne parole des industriels du nucléaire

Outre l'Etat, les constructeurs de centrales japonais – Hitachi, Toshiba et Mitsubishi Heavy Industries (MHI) – et les compagnies d'électricité disposent de leurs propres organismes pour la promotion du nucléaire. La Fédération des compagnies d'électricité finance des campagnes de publicité et des programmes télévisés. Un bon exemple de cette propagande est un pseudodocumentaire tourné à Rokkasho-mura, un village de l'extrême nord du Honshû, près duquel ont été construits deux centres de stockage de déchets nucléaires, une usine de retraitement et une usine d'enrichissement d'uranium. Ces installations sont

1- On en trouve une reproduction dans Kunio Horie, *Genpatsu jipushî* [*Les Gitans du nucléaire*], Kôdansha, 1984, p. 81.

à peine évoquées, alors que le réalisateur s'étend à loisir sur les charmes de l'existence que mèneraient les bonnes gens du cru, paysans, pêcheurs et artisans. Le tout entrecoupé de spots publicitaires qui vantent le nucléaire comme une « énergie verte » ne rejetant pas de CO_2. La « machine à faire accepter » a produit ce petit chef-d'œuvre en 2009. Deux ans avant Fukushima...

Parmi les nombreux organismes de lobbying financés par les industriels, on trouve aussi la Fondation japonaise pour la promotion d'une civilisation nucléaire (*Nihon genshiryoku bunka dantai*), baptisée moins poétiquement en anglais JAERO[1]. Née sous le contrôle du METI, elle est aujourd'hui financée par les compagnies d'électricité. Sans grande originalité, la JAERO édite de multiples publications, dont certaines destinées aux enfants, et organise chaque année un concours de posters. Mais sa principale fonction est d'offrir un lieu de pantouflage grassement rémunéré pour des anciens du METI, après une carrière passée à « contrôler » le secteur du nucléaire.

Le soutien français

La machine à convaincre les Japonais des vertus du nucléaire peut aussi compter sur l'appui d'acteurs étrangers. Nous avons déjà évoqué celui des Etats-Unis. Du côté français, le très influent service nucléaire de l'ambassade de France à Tôkyô intervient régulièrement pour défendre les intérêts de ce qui a longtemps

1- Japan Atomic Energy Relations Organization.

été l'un des fleurons de l'industrie hexagonale : Areva, qui réalisait jusqu'à 10 % de son chiffre d'affaires au Japon avant Fukushima (voir p. 187).

Entre autres signes de cette collaboration, des réunions informelles ont longtemps eu lieu chaque année entre industriels des nucléaires français et japonais. Surnommées les N20 (*nuclear twenty*), elles réunissaient dix délégués français et dix délégués japonais pour discuter des problèmes liés à l'implantation des centrales nucléaires et à la réaction du public, et des différentes manières de « faire accepter ».

C'est ainsi que, pour aider à la construction de l'usine de retraitement de Rokkasho-mura, bâtie sur le modèle de La Hague, l'ambassade et Areva ont offert de nombreux voyages en France aux élus locaux et aux membres supposés influents de la société civile, comme les présidents des organisations de pêcheurs ou des coopératives agricoles. En 2009, un ancien conseiller nucléaire m'a expliqué sans détour le pourquoi de ces invitations : « On cible ceux qu'on appelle "relais d'opinion", comme les femmes des pêcheurs ou les cultivateurs de betteraves de Trifouillis-les-Oies version Japon [*sic*], et on leur fait visiter les sites en France pour leur montrer que tout va bien. »

Des régions « droguées au nucléaire »

Dernier élément de la promotion du nucléaire civil auprès des Japonais, mais non le moindre : l'argent. Les localités qui acceptent d'héberger les centrales et autres installations reçoivent des subventions massives, notamment sous forme d'infrastructures aussi peu utiles que surdimensionnées. A Rokkasho-mura, qui ne compte guère plus que 10 000 habitants, j'ai découvert en 2009 un « centre d'échanges culturels » flambant neuf, doté de superbes salles de conférences suréquipées et désespérément vides.

Instaurées en 1974, les taxes sur le nucléaire imposées aux compagnies d'électricité n'ont cessé d'augmenter. Cette manne est en grande partie reversée aux préfectures qui accueillent des centrales. Ainsi, en 2004, les trois préfectures les plus nucléarisées du Japon, qui rassemblent 60 % des centrales nucléaires, ont reçu respectivement l'équivalent de 94 millions d'euros pour Fukushima, 87,5 millions pour Niigata, où se trouve la plus puissante centrale nucléaire du monde (Kashiwazaki-Kariwa), et 81,7 millions pour Fukui, où se trouvent le plus grand nombre de réacteurs (15) et qu'on surnomme au Japon la « Ginza du nucléaire ». Le célèbre journaliste d'investigation Satoshi Kamata, auteur de plusieurs ouvrages sur le nucléaire civil au Japon, préfère, lui, qualifier Fukui de région « droguée au nucléaire », pour décrire le lien de dépendance totale qui s'est instauré entre les centrales nucléaires et cette région rurale pauvre et dépeuplée.

La machine à dissimuler

Faire accepter le nucléaire implique également de dissimuler tout ce qui pourrait faire douter de sa parfaite sécurité. La culture du secret, voire du mensonge, n'est certes pas spécifique au « village nucléaire » japonais. Mais la collusion qui y règne ouvertement entre les producteurs d'énergie nucléaire et leur supposé régulateur (le METI) semble atteindre un niveau que seule la Chine pourrait peut-être lui envier.

Dans les années 1990, de multiples accidents se sont produits dans les installations nucléaires japonaises. Le premier accident grave a eu lieu le 8 décembre 1995 dans le surgénérateur de Monju, équivalent nippon de feu le Superphénix français, géré par l'entreprise publique PNC[1]. Une fuite de plus de 2 m^3 de sodium provoque un incendie ; mais l'alarme n'ayant pas fonctionné, le feu n'est signalé que près de deux heures plus tard, quand des ouvriers arrivent pour réparer la fuite. C'est alors seulement que la centrale sera progressivement mise à l'arrêt.

Outre sa gestion déplorable de l'accident, la PNC a tenté de le dissimuler non seulement aux médias mais aussi aux autorités. Sa direction a nié pendant plusieurs heures que le moindre accident soit survenu, prétextant n'avoir reçu aucun message de la centrale. Des photos montrant l'ampleur de l'incendie ont été dissimulées. Par la suite, un des vice-directeurs de PNC s'est excusé publiquement d'avoir dissimulé la vérité et a reconnu avoir agi sur instruction de la direction. Quelques heures plus tard, il a sauté d'un huitième étage.

1- Power Reactor and Nuclear Fuel Development Corporation.

Pour la première fois, l'image de l'industrie nucléaire nippone était ternie. Certains élus locaux ont demandé que toute la lumière soit faite sur les responsabilités, notamment à Fukushima, Niigata et Fukui. Le « village nucléaire » a gardé ses secrets, mais il a commencé à en payer le prix : les nouveaux projets de centrales se sont heurtés à une résistance croissante des populations concernées. Le délai moyen pour mener à bien ces projets, qui n'était que de sept ans dans les années 1970, est passé à seize ans. L'objectif de 50 % d'électricité nucléaire en 2000 fixé après la crise pétrolière de 1973 est devenu une chimère.

L'accident de Monju a été le premier accident grave d'une longue série. Moins de quatre ans plus tard, le 30 septembre 1999, un accident de criticité[1] s'est produit dans l'usine d'enrichissement de Tôkaimura, suite à une erreur humaine. Il a fallu 20 heures pour reprendre le contrôle de la situation. Tous les habitants du village ont été évacués, ce qui n'a pas empêché 207 d'entre eux d'être contaminés par les radiations, et 310 000 personnes ont été confinées chez elles dans un rayon de dix kilomètres. Deux des trois travailleurs impliqués dans l'accident sont morts dans les mois suivants, et plus de 200 autres ont été irradiés.

Dans les années 2000, on peut également retenir – entre autres – une fuite de vapeur radioactive à la centrale de Mihama, qui a tué sur le coup cinq ouvriers et en a blessé sept autres (2004). En 2007,

1- Une réaction en chaîne incontrôlée.

un séisme a provoqué un incendie non maîtrisé près du réacteur n° 3, et le déversement dans la mer de plusieurs milliers de mètres cubes d'eau radioactive à Kashiwazaki-Kariwa, la plus puissante centrale du monde, gérée par Tepco. Les Japonais ont découvèrent avec stupeur que le site n'avait même pas de camions incendie. Les routes étant coupées par le séisme, il semble que l'incendie se soit éteint de lui-même. La centrale de Kashiwazaki-Kariwa était encore partiellement à l'arrêt quand s'est produit le désastre de Fukushima. Tepco, encore…

C- Fukushima et ses suites (1).
Incurie, mensonges et polémiques

Rétrospectivement, cette série d'accidents apparaissent comme annonciateurs du désastre de Fukushima. Ce dernier s'inscrit dans une suite d'accidents que le « village nucléaire » a tenté de dissimuler le plus possible. Raison de plus pour celui-ci de vouloir à toute force faire passer ce qui est arrivé le 11 mars 2011 pour un événement totalement imprévisible, dû à une catastrophe naturelle hors normes. Ce qui n'est pas le cas.

« C'est la faute à pas de chance ! »
Vraiment ?

Dans les premiers jours, au Japon comme ailleurs, presque tous les commentaires sur ce qui se passe à Fukushima-1 privilégient la thèse d'un accident provoqué par une catastrophe naturelle. A Tchernobyl, toute la faute avait été attribuée à l'incurie du régime communiste au stade ultime de son déclin. A Fukushima, c'est la « démesure imprévisible » du tsunami qui est censée tout expliquer. Cette thèse permet à tous les nucléocrates du monde d'assurer que « ce qui est arrivé là-bas n'arrivera jamais ici », et au président Nicolas Sarkozy d'affirmer sans sourciller lors d'une visite éclair à Tôkyô le 30 mars 2011 : « Le problème ne vient pas du nucléaire mais de la vague qui a détruit les générateurs destinés à refroidir l'eau. Le bâtiment a résisté au tremblement de terre[1]. »

A cette assertion péremptoire, le « village nucléaire » nippon ne tarde pas à en ajouter deux autres. « La situation est sous contrôle », comme le proclame à la face du monde en 2013 le Premier ministre Shinzô Abe dans son discours devant le comité de sélection qui attribue les jeux olympiques de 2020 à Tôkyô. Et « l'accident de Fukushima n'a fait aucun mort », refrain qui se retrouve dans de multiples articles de presse pronucléaires.

Malgré ce discours qui se veut rassurant, certains faits sont aujourd'hui bien établis sur ce qui s'est passé à Fukushima et sur ce qui s'y passe encore. A la lumière de ces faits, les trois assertions ci-dessus apparaissent clairement mensongères. Et cela même si de nombreuses zones d'ombre subsistent, car les seules informations disponibles sont… celles que veulent bien fournir les responsables du désastre eux-mêmes. En l'occurrence, Tepco.

1- Site de l'ambassade de France, *Point de presse du président de la République…*, 31 mars 2011.

Une crise gérée dans l'improvisation

Le 11 mars 2011, au moment du séisme, sur les six réacteurs de la centrale, seuls les réacteurs 1, 2 et 3 sont en fonctionnement. En réponse à la secousse, ils s'arrêtent automatiquement. Dans ce cas, il faut continuer à les refroidir. L'alimentation électrique ayant été coupée suite au séisme, ce refroidissement est assuré grâce à des groupes électrogènes de secours installés dans les sous-sols de la centrale. Mais 51 minutes plus tard, le tsunami noie ces sous-sols. Les groupes électrogènes s'arrêtent, et la surchauffe des trois réacteurs y provoque une reprise incontrôlée de la réaction en chaîne. Du côté du réacteur 4, qui est à l'arrêt, le circuit de refroidissement de la piscine, où est stocké le combustible usé (sans doute au-delà de la limite autorisée), s'arrête lui aussi, ce qui a pu provoquer un phénomène analogue. Toutefois, la cause de l'incendie qui se déclarera dans le bâtiment reste sujette à discussion[1].

Dans les cuves des trois réacteurs hors de contrôle, la chaleur dépasse bientôt 1 200 °C. Les barres de combustible commencent à fondre. Par réaction chimique, de l'hydrogène se forme et s'accumule dans les bâtiments qui abritent les réacteurs.

1- Le directeur de la centrale au moment de l'accident a dit avoir été étonné par la puissance de la première explosion au bâtiment n° 4, et que l'examen après coup des combustibles stockés dans la piscine lui a fait penser qu'ils n'avaient pas surchauffé. Il a formulé l'hypothèse que l'explosion était due à l'hydrogène qui s'échappait du bâtiment du réacteur 3 sinistré. Voir Franck Guarnieri (dir.), *L'Accident de Fukushima Dai Ichi. Le récit du directeur de la centrale*, Presse des Mines, 2015.

Pour éviter une explosion, il faut relâcher de la vapeur radioactive dans l'atmosphère. Le directeur de la centrale s'y refuse, car il faudrait envoyer des hommes dans une zone où la radioactivité est déjà très forte. Quand cette manœuvre est enfin accomplie sous la pression du Premier ministre Naoto Kan, venu lui-même sur place, il est trop tard : des explosions successives se produisent dans les bâtiments des quatre réacteurs.

La première explosion contraint les dirigeants de Tepco à accepter – 30 heures après le début de la crise ! – de faire ce à quoi ils se sont refusés obstinément jusque-là : refroidir les réacteurs en les arrosant d'eau de mer, ce qui les mettra irrémédiablement hors d'usage. Un refus qui pourrait s'expliquer, entre autres, par des raisons financières : Tepco aurait ainsi tenté désespérément de sauver ses investissements.

La suite laisse la même impression d'improvisation. Au plus fort de la crise, est-il normal d'avoir dû faire appel aux pompiers, et même à des pompes à béton, pour arroser les réacteurs éventrés ? Est-il normal que les personnels de la centrale aient eu à utiliser leurs batteries de voitures pour rallumer les panneaux de contrôle ? Ces personnels n'avaient jamais été préparés à affronter un accident nucléaire et, en ce qui concerne les pompiers, ils ont refusé de se rendre sur le site en raison de la radioactivité. Et que dire du ballet des hélicoptères larguant au petit bonheur la chance de petits paquets d'eau sur le toit des réacteurs ? « A la différence de tous les autres pays, aucune réglementation concernant la gestion d'un accident n'existait au Japon », m'a expliqué le conseiller nucléaire de l'ambassade de France à Tôkyô[1].

Il est clair que l'ampleur prise par l'accident de Fukushima est due en partie à une gestion de la crise improvisée sous la pression d'une extrême urgence. Mais de nombreux éléments montrent sans l'ombre d'un doute que la catastrophe a été provoquée par des erreurs majeures commises bien plus tôt, lors de la construction même de la centrale, et que Tepco avait toujours refusé de corriger bien que ses dirigeants en aient été dûment informés.

Des normes antisismiques complètement insuffisantes

Fukushima-1 date des années 1970. Ses six réacteurs – des modèles General Electric – avaient des capacités de résistance antisismique très inférieures à ce qu'il aurait fallu le 11 mars 2011. Ce jour-là, l'accélération au sol générée par la secousse a dépassé 1 g[2]. Or quatre des six réacteurs ne pouvaient encaisser que 0,18 g, et les deux plus résistants seulement 0,5 g. Dans un pays soumis régulièrement à des séismes violents, ces capacités de résistance étaient très insuffisantes, et il était difficile de l'ignorer.

1- Interview du 12 mars 2015.

2- L'accélération au sol, qui s'exprime en g, est une donnée plus réaliste que la seule magnitude de la secousse. C'est sur elle que se fondent les constructeurs pour prendre en compte le risque sismique. Outre la magnitude, elle intègre la distance avec l'épicentre et la nature géologique du sous-sol.

Des ouvriers qui sont intervenus sur le site après le séisme et avant l'arrivée du tsunami auraient constaté que les tuyauteries du circuit de refroidissement étaient déjà très endommagées par la secousse. On sait par ailleurs que, avant l'arrivée du tsunami, une baisse de pression inexpliquée s'est produite dans la cuve du réacteur n° 1, et le directeur « n'exclut pas » qu'elle puisse avoir été causée par une rupture des tuyauteries. En noyant les générateurs de secours, le tsunami n'aurait donc fait qu'aggraver un accident déjà en cours.

Tepco savait tout et n'a rien fait

Tepco ne peut en aucun cas plaider l'ignorance. À supposer que ses propres techniciens aient été aveugles, en 2008 c'est l'Agence internationale de l'énergie atomique (AIEA) elle-même qui avait averti l'exploitant que sa centrale était construite selon des normes de sécurité périmées, et qu'un risque majeur d'accident nucléaire existait en cas de séisme d'une magnitude supérieure à 7 sur l'échelle de Richter. Ce rapport n'a suscité aucune réaction, ni chez Tepco ni au METI, où la NISA[1] était pourtant chargée de veiller à la sécurité du parc nucléaire.

La même année, un rapport interne de Tepco avait averti ses dirigeants que la digue qui protégeait la centrale, haute de seulement 5,7 mètres, était insuffisante et qu'il était très probable qu'une vague de plus de 10 mètres l'atteigne un jour. Les

1- Nuclear and Industrial Safety Agency.

dirigeants de Tepco n'en ont pas moins refusé de faire des frais pour la rehausser. Enfin, la NISA avait averti Tepco du danger (de la folie ?) d'avoir placé les générateurs de secours dans des sous-sols inondables. Là encore, Tepco a refusé d'engager la moindre dépense. Et là encore, les régulateurs n'ont rien fait.

En décembre 2011, s'appuyant entre autres sur ces faits, la commission parlementaire indépendante d'investigation sur l'accident rend un rapport cinglant. Sa conclusion sans appel est que la catastrophe n'est pas due à des causes naturelles imprévisibles, mais est bel et bien un « désastre créé par l'homme » (*man made disaster*) et dont sont coresponsables le gouvernement, Tepco, le METI, et particulièrement la NISA, dont l'aveuglement et l'impuissance sont stigmatisés. Et pour cause.

Autorité de contrôle aveugle et impunité garantie

Tepco aurait eu tort de se gêner... Son « contrôleur », la NISA, était un organe du METI, le grand zélateur du nucléaire civil, dont les plus hauts fonctionnaires pantouflent régulièrement au conseil d'administration des grandes compagnies d'électricité et des bâtisseurs de centrales[1]. On peut donc juger avec quel zèle cet organisme prétendument de « contrôle » remplissait sa mission. Ou, plutôt, ne la remplissait pas.

1- Sur ces liaisons incestueuses, voir dans la même collection Guibourg Delamotte et Jean-Marie Bouissou, « Démocratie *made in Japan* », dans *La Démocratie en Asie. Japon, Inde, Chine,* 2015.

Incroyable mais vrai : on sait aujourd'hui que Tepco avait pris l'habitude, depuis de nombreuses années, d'ignorer les rapports qui tiraient la sonnette d'alarme, comme celui de l'AIEA ou celui sur le risque d'inondation des générateurs de secours. Que la compagnie a remis pendant plus de vingt ans à son contrôleur aveugle des rapports d'entretien falsifiés, mentionnant notamment de nombreuses inspections et opérations de maintenance qui n'auraient jamais été effectuées. Que lorsque passaient les inspecteurs de la NISA, on dissimulait sous de simples feuilles de plastique les pièces rouillées à leurs très peu curieux regards. Et que Tepco a pu dissimuler jusqu'en 2007 qu'un accident de criticité de plus de sept heures avait déjà eu lieu dans la centrale… en 1978 !

Ces manquements délibérés à la sécurité, et qui se sont avérés criminels, ont pourtant toute chance de rester impunis. La NISA ne disposait d'aucun pouvoir de sanction, et sa mission se bornait à donner des recommandations plus ou moins fermes. En 2006 elle avait informé Tepco que les bâtiments 1, 2 et 3 de Fukushima-1 n'étaient plus aux normes antisismiques et que la digue était trop basse, et lui avait donné jusqu'en 2009 pour y mettre bon ordre. A cette date, Tepco n'avait rien fait et avait décidé unilatéralement de ne rien faire pour la digue et de repousser d'éventuels travaux antisismiques à 2016. La NISA s'est tue. Entre confiance aveugle dans le mythe de la parfaite sûreté du nucléaire et intérêt bien compris de ses fonctionnaires en attente d'une lucrative seconde carrière dans les entreprises du nucléaire civil, le chien de garde qu'était censée être la NISA n'était qu'un toutou de salon.

Pour ce qui est d'éventuelles poursuites judiciaires, le parquet japonais a refusé tout net de poursuivre les dirigeants de Tepco au pénal : en droit, il n'y aurait pas matière... Selon la procédure japonaise, un jury populaire, par deux décisions successives, a finalement contraint la justice à poursuivre. Il y aura donc procès, mais on peut penser que le parquet ainsi désavoué ne mettra aucune vigueur à soutenir une action qu'on lui a imposé d'intenter contre son gré. Quant aux poursuites civiles, l'exemple de celles qui ont été intentées au Japon par les victimes de pollutions catastrophiques montre qu'elles peuvent durer jusqu'à près d'un demi-siècle. Et quand bien même Tepco serait condamnée un jour (très lointain) à des dommages et intérêts importants, la quatrième entreprise d'énergie mondiale sait fort bien qu'elle est *too big to fail*, et politiquement trop bien protégée. C'est donc le contribuable japonais qui paiera, au moins en partie.

The situation is under control (Shinzô Abe)

Pour les autorités japonaises, la seule chose qui importe aujourd'hui semble être de rassurer l'opinion, pour faire redémarrer le parc nucléaire au plus tôt, et de garder la face sur la scène internationale. Dès le 16 décembre 2011, Tepco a déclaré triomphalement que tous les réacteurs de Fukushima-1 étaient en *cold-shutdown*[1]. Le gouvernement s'est empressé de faire chorus en saluant un « retour à la normale » (*sic*) dans la centrale. Le cœur des trois réacteurs sinistrés peut bien avoir fondu sans que personne ne sache jusqu'où le corium[2] ultra-radioactif s'est infiltré dans le sol, et des fuites d'eau radioactive peuvent bien se produire sans cesse, officiellement, « tout est sous contrôle » !

Pourtant, sur place, la crise a tourné au désastre de faible intensité sans fin. Même *cold*, les réacteurs doivent être arrosés en permanence. Mais que faire des milliards de litres d'eau ainsi contaminée ? Ils sont stockés provisoirement dans des centaines de cuves gigantesques, qui en contenaient déjà 400 000 m^3 (quatre milliards de litres !) en 2014. Mais cette quantité augmente chaque jour de 400 m^3. Il faut donc construire sans cesse d'autres cuves. On procède à la hâte et tout fuit de partout – les cuves, la tuyauterie, les réacteurs –, tandis que les Shadoks du nucléaire continuent à pomper et pomper dans ce qui ressemble de plus en plus à un gigantesque marécage nucléaire, tout en colmatant des fuites sans cesse récurrentes. Et en rêvant qu'on leur permette un jour de se débarrasser du problème… dans l'océan, quand les Japonais et le monde regarderont ailleurs.

1- Stabilisation de la température à l'intérieur du réacteur en dessous de 100 °C.

2- La masse de métal fondu formée par les barres de combustibles. En 2016, il n'est toujours pas possible de déterminer avec précision où se trouvent les trois coriums.

Un problème est qu'on ne sait pas, à ce jour, retirer de l'eau un élément radioactif, le tritium. Selon le conseiller nucléaire de l'ambassade de France : « Ce n'est pas grave. On peut rejeter l'eau avec du tritium, car le rayonnement des particules est peu élevé et ne reste pas longtemps dans le corps humain. » Le gouvernement japonais, lui, a préféré étudier la possibilité de retirer le tritium. Une fausse bonne idée, selon le même conseiller : « Cela aura un coût très élevé. On va dépenser des centaines de millions de yens, qui pourraient servir à des campagnes d'information dans la préfecture [de Fukushima] pour tuer les rumeurs. » Finalement, les Japonais se sont ralliés à cette idée. Depuis septembre 2015, des rejets d'eau contenant du tritium dans l'océan Pacifique ont commencé sur le site de Fukushima-1, dans une relative indifférence. Tepco prévoit à l'avenir de rejeter jusqu'à 500 tonnes d'eau contaminée par jour.

Il faut toutefois reconnaître à Tepco le mérite d'avoir réussi à vider la piscine de refroidissement du réacteur 4 des quelque 1 530 barres de combustible usé dont le poids – environ 264 tonnes – menaçait de faire s'effondrer le bâtiment. Ce fut un exercice à haut risque : « A chaque barre déplacée, le péril nucléaire peut ressurgir », titrait le *Tôkyô Shimbun*, un des rares quotidiens antinucléaires. Mais, s'agissant des cœurs fondus, quand ils seront localisés, personne ne peut dire comment ils pourront être traités. Et encore moins dans combien d'années : l'horizon officiel pour la réhabilitation du site est situé au-delà du demi-siècle.

« Fukushima : zéro mort… » Vraiment ?

« L'accident nucléaire de Fukushima n'a fait aucun mort ! » martèlent à longueur de colonnes et d'émissions les communicants du « village nucléaire ». Mais cette assertion est fausse. Plusieurs secouristes ont témoigné avoir entendu les appels de survivants ensevelis sous les décombres dans des zones où ils ne pouvaient pas intervenir en raison de la radioactivité. Le film *Nihon to genpatsu*, réalisé par l'avocat qui a gagné le procès contre la relance de la centrale de Takahama (avril 2015), débute par un de ces témoignages, que Tepco s'est bien gardé de contester publiquement. Combien de survivants sont morts ainsi ?

Surtout, il faut un aplomb incommensurable pour ne pas compter comme « morts de Fukushima » les nombreuses victimes collatérales dues au déracinement brutal de plus de 170 000 habitants, dont beaucoup de personnes âgées et très âgées. Dans cette population fragile, le stress, la rupture des liens communautaires et familiaux, les conditions d'hébergement provisoire, et plus généralement la perspective d'une fin de vie misérable provoquent de multiples décès par arrêt cardiaque et par suicide. Dès février 2012, même le très pronucléaire *Yomiuri* admettait que 573 décès avaient déjà été officiellement reconnus comme « en relation avec la crise nucléaire ». En 2014, d'après le décompte effectué par la préfecture de Fukushima, on en était à 1 232, et à 1 848 en 2015.

Tepco a d'ores et déjà été reconnue responsable de deux suicides chez des évacués et obligée de payer des dommages et intérêts aux familles. Mais on n'en trouve pas moins encore des communicants pour reprendre l'antienne de « Fukushima : zéro mort ».

Ce mythe conduira sans doute aussi à ne pas ébruiter les décès qui sont déjà survenus sur le chantier de liquidation de la centrale, notamment en raison des conditions dans lesquelles s'effectue ce travail.

D- Fukushima et ses suites (2). Une « liquidation » qui fait problème

A quoi ressemble vraiment la liquidation de Fukushima ?

Environ 7 000 liquidateurs travaillent sur le site de la centrale sinistrée, et plus de 30 000 s'y sont succédé à ce jour, quittant le chantier à mesure qu'ils atteignaient la dose maximale de radiations autorisée. Ils le font au péril de leur santé, voire de leur vie. Outre les radiations, certains ont été victimes de malaises, de suffocations et de crises cardiaques, notamment durant l'été 2011, en raison de tenues de protection extrêmement chaudes. Pourtant, après avoir été présentés un moment par les médias comme les « héros de Fukushima », ils sont aujourd'hui l'objet d'une indifférence croissante.

Les Japonais sont pourtant curieux de ce qui s'y passe, comme l'a montré le succès du manga *1F*[1], dont l'auteur, Kazuto Tatsuta (pseudonyme), y a travaillé six mois « en immersion ». Il décrit méticuleusement le quotidien des liquidateurs, en affichant un parti pris de stricte neutralité. Son reportage graphique a pourtant de quoi surprendre. Le travail des liquidateurs y est banalisé, la peur effacée, et en six mois l'auteur semble n'avoir pas été témoin du moindre incident, ni *a fortiori* d'accidents. Il donne même parfois l'impression de parler à la manière d'un communicant de Tepco – par exemple quand un ouvrier déclare en riant, à propos de la salle réservée aux fumeurs, que l'air y est « plus dangereux que dans le réacteur ». D'autres tournent en dérision les articles de presse alarmistes : « Dans les journaux, on parle de chaleur étouffante et de morts, mais ce qu'on ne dit jamais, c'est que le plus dur, c'est quand on a envie de se gratter le nez. »

Le pseudo-Tatsuta ne s'indigne pas non plus de l'exploitation sans vergogne que subissent les « héros ». Embauché par un sous-traitant du sixième niveau, on le loge avec cinq autres ouvriers dans une pièce de 9 m^2. Chaque jour, il doit payer son lit et ses repas au patron véreux, alors même que, après deux semaines, il n'a pas encore commencé à travailler et ne touche donc aucun salaire.

1- *Ichi Efu* (*1F*) est le surnom donné à la centrale par les liquidateurs. Kazuto Tatsuta, *Ichi efu fukushima daiichi genshiryoku hatsudensho rôdôki 1* [*1F, Journal d'un travailleur de la centrale nucléaire de Fukushima-1*], Morning KC, 2014. Scanlation du premier chapitre sur http://www.fandompost.com/2014/03/11/first-ichi-efu-manga-chapter-available-free-in-english/.

Il n'est pas étonnant que ce manga assez peu dérangeant ait bénéficié d'une bonne couverture de presse et n'ait suscité aucune réaction dans le « village nucléaire », au contraire d'autres mangas.

Sous-traitants empilés, dossiers égarés = Tepco protégée

Tous les journalistes ne partagent pas la vision très lisse donnée par *1F*. Sur la base de témoignages anonymes, de nombreux journaux ont évoqué de graves manquements à la sécurité sur le chantier. Le respect du plafond de la radioactivité à laquelle sont exposés les liquidateurs semble très aléatoire. Jusqu'en décembre 2011, il était de 250 mSv par an, ce qui est déjà énorme (en France, c'est 20 mSv), puis a été descendu progressivement en dessous des 100 mSv. Cependant de nombreux sous-traitants auraient fait travailler leurs ouvriers jusqu'à 500 mSv. Contrairement à ce que montre *1F*, dans de nombreuses équipes, seul le chef serait équipé d'un dosimètre. Le suivi individuel de très nombreux travailleurs, pourtant obligatoire, serait donc impossible. En outre, plusieurs centaines de dossiers médicaux auraient aussi été un peu trop opportunément « égarés », ce qui rend impossibles tout suivi médical des travailleurs concernés dans le futur et du coup toute attaque en justice contre Tepco.

L'entreprise se met ainsi soigneusement à l'abri de toute responsabilité dans le sort fait aux liquidateurs, en organisant un empilement invraisemblable de ses sous-traitants. Selon Tepco, il n'y aurait « que » quatre niveaux de sous-traitance sur le chantier, mais on en trouve six dans *1F*, et il en existerait en réalité huit. Une bonne partie de ces entreprises sont aux mains des yakuzas, la mafia japonaise.

Une mine d'or pour la mafia

La présence des yakuzas dans le « village nucléaire » n'est pas nouvelle. Il y a longtemps qu'ils fournissent de la main-d'œuvre pour la maintenance des centrales[1], comme ils l'ont fait traditionnellement pour une partie du BTP. Depuis des décennies, les marchands de travail mafieux recrutent dans le *lumpen proletariat* des travailleurs journaliers, sur lequel ils ont un large contrôle, voire des SDF ramassés dans les parcs de Tôkyô. Ces « clochards du nucléaire » étaient parfois envoyés entretenir des réacteurs sans même avoir été prévenus du travail dangereux qu'ils allaient faire.

Le chantier de la liquidation a besoin de dizaines de milliers de travailleurs pour une noria incessante, à mesure que ceux qui dépassent le plafond de radiations annuel doivent être remplacés. Et les candidats ne se bousculent pas. Cela en fait une mine d'or pour la mafia nippone. Non seulement les yakuzas vendent au prix fort à Tepco leurs services de recruteurs et leur capacité à imposer le silence à la main-d'œuvre qu'ils contrôlent, mais ils retiennent aussi une partie du salaire des travailleurs qu'ils fournissent et leur font payer le vivre et le couvert.

1- Kunio Horie, *Genpatsu jipushî*, *op. cit.*

Tomohito Suzuki, journaliste *free lance* spécialiste de la pègre japonaise, a lui aussi travaillé comme liquidateur pour le compte d'un sous-traitant mafieux. Dans son livre *Les Yakuzas et les centrales nucléaires. Journal d'une infiltration à Fukushima-1*[1], il dresse un constat bien plus brutal que celui du pseudo-Tatsuta et montre à quel point Tepco ferme les yeux sur des agissements qui violent toutes les règles de sécurité. Un parrain local interrogé par l'auteur affirme que le nucléaire serait aujourd'hui l'un des business les plus rentables pour les yakuzas. Et cette mine d'or n'est pas près de se tarir : de l'aveu même des autorités, le chantier pourrait durer encore trois ou quatre décennies.

E- Fukushima et ses suites (3). Quel sort pour les populations ?

Une évacuation chaotique

Autour de Fukushima, les populations ont été évacuées en trois vagues successives. Dans un rayon de 3 km autour de la centrale dès le premier soir de la crise. Dans un rayon de 10, puis 20 km le lendemain. Trois jours plus tard, alors que des explosions s'enchaînent, les habitants dans la zone des 20 à 30 km sont invités à se calfeutrer chez eux, mais ne seront jamais évacués. L'improvisation est

1- *Yakuza to genpatsu. Fukushima daiichi sennyûki*, Bungeishunjû, 2014.

criante : au même moment, l'ambassade américaine conseillait à ses ressortissants de rester à plus de 80 km de la centrale…

Ces évacuations par cercles concentriques créent des situations où l'absurdité le dispute au tragique. Un film de 2012 montre l'histoire (vraie !) d'une famille que les autorités refusent d'évacuer car sa maison est juste à la limite des 20 km. Abandonnés à leur sort à la lisière d'un village désert envahi par la radioactivité, les grands-parents font partir leur fils et sa femme enceinte vers la ville de Fukushima, et restent seuls dans ce village fantôme qui fut le leur[1].

Les autorités ont mis du temps à réviser la carte des zones à évacuer pour prendre en compte non plus seulement la distance de la centrale, mais la radioactivité réellement constatée en fonction du déplacement des nuages radioactifs selon les reliefs et les vents. Certains villages très contaminés, mais situés au-delà de la ligne des 20 km, n'ont été évacués que six ou sept semaines après la catastrophe. Et il a fallu attendre décembre 2011 pour que les autorités finissent de cartographier toutes les zones irradiées.

Vivre en zone irradiée : « Adaptez-vous ! »

Au terme de ce processus, les zones où la radioactivité excède 50 mSv par an ont été interdites d'accès,

---

1- *Kibô no kuni* [*Le pays de l'espoir*], réalisé par Shion Sono.

et l'Etat y rachète les propriétés. Celles où la radioactivité se situe entre 20 et 50 mSv par an sont « zones à accès restreint » ; elles seront décontaminées, et le retour des habitants est possible à long terme. Là où la radioactivité est inférieure à 20 mSv/an (la limite légale pour les travailleurs du nucléaire en France), une décontamination est prévue, mais l'accès est autorisé. Après Tchernobyl, le gouvernement biélorusse, lui, a fait évacuer pour quelques années toutes les zones où la radioactivité dépassait les 5 mSv par an.

Autrement dit, les enfants de Fukushima sont autorisés à vivre dans des zones où la radioactivité atteint le maximum autorisé chez nous dans les centrales. Le conseiller nucléaire de l'ambassade de France à Tôkyô n'y voit aucun problème, estimant que, « en dessous de 100 mSv par an, il n'y a pas d'effets », tout juste un « bruit de fond statistique ». Les sinistrés sont donc invités à vivre avec ce « bruit de fond statistique ». Ainsi les écoliers ne sortent plus dans la cour pendant les récréations, et des jardins d'enfants ont été reconstruits *indoor*. Un documentaire d'un Américain vivant au Japon[1] montre des mères angoissées parce que leurs enfants vont dans une école décontaminée, mais toute proche d'un jardin d'enfants où la radioactivité atteint 30 mSv, et dont l'accès n'est « interdit » que par un simple ruban de plastique. Les activités physiques étant ainsi réduites au plus strict minimum, le nombre d'enfants en surpoids a explosé.

1- *A2-B-C*, réalisé par Ian Thomas (2013).

Personne ne saigne du nez ! (La « machine à intimider »)

Les autorités font tout pour minimiser ou nier les risques sanitaires auxquels sont exposés les habitants de Fukushima, et même de certaines préfectures voisines. Quitte à recourir à l'intimidation et à la censure quand ils sont évoqués par un média grand public, comme l'a montré l'affaire *Oishinbo*[1] – une série manga célébrissime dont l'auteur, Tetsu Kariya, a osé évoquer les saignements de nez dans la population de Fukushima, qui seraient un symptôme d'irradiation

C'est un fait avéré que, dès juin 2011, des centaines de cas d'enfants ayant des saignements de nez plusieurs fois par jour ont été relevés dans la préfecture de Fukushima. Une étude menée par un chercheur de l'université de Kumamoto montre que ces cas seraient 3 à 4 fois plus élevés que dans le reste du Japon. Néanmoins, Tetsu Kariya a été immédiatement lynché par les médias pronucléaires et pris à partie par le Premier ministre lui-même. L'éditeur, menacé de procès par les préfectures de Fukushima, Osaka et même la ville de Futaba, a suspendu la série, dont la publication n'avait pas encore repris au moment où ce livre est écrit.

L'auteur a relancé la polémique début 2015 en publiant une « Réponse à l'affaire des saignements de nez dans *Oishinbo* », où il détaille le travail d'investigation qu'il a mené à Fukushima. Affaire

1- *Oishinbo* (*Le Gourmet*) est l'un des *gurume manga* (mangas sur la cuisine) les plus populaires du Japon, en cours depuis 1983.

à suivre, mais qui a déjà montré que le « village nucléaire » est bien décidé à ne rien laisser dire sur les risques sanitaires post-Fukushima, dès lors que cela peut atteindre le grand public. On l'a vu aussi en 2015, quand le distributeur d'*A2-B-C* a décidé d'interrompre l'exploitation du documentaire en raison d'une campagne de haine orchestrée sur les réseaux sociaux contre certaines des mères ayant témoigné[1].

Les recettes du bon docteur Yamashita : « Contre les radiations, souriez ! »

Au plan sanitaire, un suivi de la thyroïde des enfants a été mis en place. Dans les premiers jours de la crise, peu d'habitants ont reçu les comprimés d'iode qui peuvent empêcher sa contamination. Le responsable de ce suivi est Shunichi Yamashita, vice-président du CHU de Fukushima. Ce personnage s'est notamment illustré en invitant les sinistrés à sourire car « les radiations ne rendront malades que ceux qui ne sourient pas » (*sic*). En septembre 2011, il a aussi organisé un colloque médical international à Fukushima sur le thème « Radioactivité et risque sanitaire » : l'objectif prédéfini était de « formuler des recommandations pour supprimer l'anxiété des habitants de Fukushima face aux radiations ».

Les enfants de Fukushima ne doivent probablement pas assez sourire : fin 2014, dans la dernière étude de suivi publiée par le CHU de Fukushima, plus

1- Le Foreign Correspondents' Club of Japan s'en est ému (12 mai 2015).

de la moitié des 298 000 enfants examinés présentaient des anomalies de la thyroïde, et un cancer a été diagnostiqué chez près de 100 d'entre eux[1]. Et leur nombre augmente d'année en année. Il est d'ailleurs possible que ce chiffre ne soit pas totalement fiable, comme peut le faire penser le fait que certains hôpitaux privés refusent prudemment de procéder à un second contrôle de la thyroïde si l'hôpital public chargé de l'étude n'a rien trouvé dans un premier test ; et quand ils acceptent, il n'est pas très rare que des nodules soient finalement trouvés[2].

Le trop zélé docteur Yamashita a dû démissionner en juin 2013, après la révélation du fait qu'il se concertait secrètement avec les autorités locales sur la meilleure manière de « rassurer » la population. On a aussi appris qu'il avait ordonné au CHU de Fukushima de ne pas distribuer les comprimés d'iode après l'accident pour ne pas affoler la population…

Décontaminer, mission impossible ?

La décontamination des sols a été promise aux sinistrés. Ce chantier-là aussi s'avère un casse-tête sans fin. Plus de 40 millions de mètres cubes de terre et de végétaux contaminés s'entassent à perte de vue dans des grands sacs en plastique noirs, sur des sites de stockages temporaire dont la plupart dégagent une radioactivité très importante.

1- Soit 1 pour 2980 enfants. En général, la prévalence pour ce type de cancer est de 1 à 2 cas pour 1 million.

2- Ian Thomas, *A2-B-C*, *op. cit.*

Les autorités envisagent d'incinérer une partie de ces déchets composés à moitié de végétaux. C'est ce que fait la France sur le site de Marcoule, où l'on en brûle 3 000 tonnes par an. Mais au Japon, c'est déjà pas moins de 22 millions de tonnes qu'il faudrait incinérer, ce qui produira des rejets non négligeables de particules radioactives dans l'atmosphère.

D'ailleurs, comment gérer convenablement une contamination multiforme, qui s'est étendue bien au-delà de Fukushima, à commencer par Tôkyô. La capitale n'a pas plus été épargnée par le nuage radioactif que la France après Tchernobyl. En mars 2011, de l'iode-131 a été détecté dans 18 de ses usines de traitement de l'eau et, plus de quatre ans après, l'Agence de sûreté nucléaire y trouvait encore des traces de césium-134 et 137.

Les chemins de la contamination sont parfois insoupçonnables, comme pour ces nouvelles HLM de la ville de Fukushima qui s'avéraient radioactives : on a découvert que les granulats utilisés dans le béton venaient d'une carrière située à 3 km de la centrale et qui avait continué à fonctionner pendant une semaine après l'accident.

C'est la contamination alimentaire qui suscite néanmoins le plus de craintes dans l'opinion. A Tôkyô, dont le Tôhoku est le grenier à riz, on a retrouvé dès juillet 2011 de la radioactivité dans les épinards, le thé, le lait, le poisson ou le bœuf. Dans un premier temps, les autorités ont (très généreusement) fixé la limite acceptable à 500 becquerels par kilo, avant de la réduire à 100[1]. Dans le métro de Tôkyô, on a pu voir des campagnes d'affichage invitant à consommer les produits de Fukushima. A la télévision, des stars de la chanson font de même. Au pied des immeubles d'entreprises se multiplient les « marchés de Fukushima », où les salariés peuvent acheter des légumes à leur pause de midi. Toutes ces campagnes nient le risque et effacent l'accident, mais elles touchent deux cordes très sensibles chez les Japonais : celle de la ruralité et celle du « lien » (*kizuna*) avec la région sinistrée.

L'indemnisation : combien valent les vies détruites ?

A défaut d'être rassurés, les habitants de Fukushima espéraient pouvoir au moins être indemnisés. Tepco a commencé à verser des indemnisations dès juin 2011, sous forme d'acomptes à titre provisoire. Mais tout se faisait au cas par cas et selon des barèmes opaques. Les 170 000 personnes évacuées classées prioritaires devaient remplir un formulaire de plus de 200 pages, extrêmement complexe, où la moindre facture d'essence devait figurer à titre de justificatif. Rappelons que beaucoup de ces réfugiés sont des personnes âgées isolées.

Une loi de 1962 impose aux opérateurs de centrale de souscrire une assurance pour indemniser d'éventuels dommages nucléaires. Tepco en avait une de 120 millions de yens par site. Moins d'un million

1- A noter qu'une directive européenne récente fixe des seuils de radioactivité encore plus larges, de plusieurs milliers de becquerels par kilo en cas d'accident nucléaire.

d'euros ! Même pas une goutte d'eau dans l'océan : fin 2012, les indemnisations et le chantier de décontamination avaient déjà coûté à l'entreprise plus de 10 000 milliards de yens.

Il est très tôt devenu évident que Tepco ne paierait pas l'addition toute seule. Dès décembre 2011, le gouvernement a créé un « fonds de versement des indemnités pour les dégâts nucléaires », financé en grande partie par l'argent public, mais aussi par des prêts bancaires souscrits par l'Etat (donc, derechef, par le contribuable) et des obligations garanties par les dix compagnies d'électricité du Japon, mais aussi par l'Etat (donc, derechef…).

Mais cela ne suffit pas. En mai 2012, l'Etat a dû remettre au pot en urgence 1 000 milliards de yens et nationaliser Tepco pour éviter sa faillite. Très classiquement, après avoir engrangé les profits, le « village nucléaire » a socialisé les pertes. S'ils n'en avaient jamais douté, les contribuables nippons savent désormais que ce sont eux qui paieront la note, sous forme d'impôts mais aussi d'augmentation de leur facture d'électricité (20 % pour les particuliers et 30 % pour les entreprises depuis 2011). Même si les pronucléaires en font un argument majeur pour le redémarrage du parc, l'argument ne fait pas vraiment recette auprès de l'opinion, qui ne croit guère qu'on verra un jour redescendre les factures, ne serait-ce qu'en raison des coûts que les opérateurs devront assumer pour renforcer la sécurité et démanteler les plus anciens réacteurs.

Réponse ? Parfois moins de 600 euros mensuels

La nationalisation et les critiques virulentes contre la complexité et l'opacité de son système d'indemnisation ont obligé Tepco à le rationaliser. Pas moins de 12 200 employés et intérimaires sont désormais chargés de ce travail, ce dont Tepco ne laisse pas de se vanter.

Les indemnisations se font désormais par zones. Pour les réfugiés des zones où la radioactivité dépasse 50 mSv et qui ont peu de chances d'y revenir un jour, Tepco verse 400 000 yens par mois par foyer (environ 3 000 euros). Mais ceux qui vivaient dans les zones entre 50 et 20 mSv, qui sont en cours de décontamination dans les conditions que l'on a vues, doivent se contenter de 80 000 yens mensuels (environ 600 euros). Une aumône dérisoire pour des gens qui ont tout perdu : maisons, terres et travail.

Pire. Pour une partie de ces derniers, en 2012, Tepco a versé pour deux ans un acompte de 2,4 millions de yens par foyer (soit 740 euros par mois). La compagnie entend bien que ce soit pour solde de tout compte, considérant que si les évacués ne réintègrent pas leur domicile au bout de ces deux ans, c'est de leur propre volonté, et qu'ils n'ont donc plus droit à rien. Alors même que, dans ces zones, seules des parcelles autour des maisons et des écoles ont été plus ou moins décontaminées, et qu'il n'y a pas de travail, l'activité économique y étant presque à l'arrêt.

Concernant les dommages économiques, les PME des zones sinistrées se sont vu offrir des indemnités. Mais, dès 2014, Tepco a entendu supprimer tout versement en arguant que le préjudice était terminé. L'échéance était fixée à mars 2015. Elle a été repoussée à mars 2016, puis à mars 2017, mais Tepco continue d'affirmer sa résolution de cesser toute indemnisation globale à ce moment-là. Tout en promettant d'accepter d'examiner ensuite des indemnisations au cas par cas. Avec des dossiers de 1 000 pages ?

Certes, Tepco va devoir affronter une multiplicité d'actions en justice, y compris intentées par des habitants des préfectures voisines, comme celle de Tochigi, sévèrement touchée par endroits par les retombées radioactives. Des *classactions* ont déjà été intentées mais, compte tenu du sous-dimensionnement de l'appareil judiciaire japonais[1], il y a fort à parier que les verdicts mettront longtemps à être rendus. Plus d'un millier de plaignants dans la célèbre affaire de pollution de Minamata, où les premières plaintes ont été déposées en 1969, attendaient encore une décision de justice en 2014 !

En attendant, le malheur de centaines de milliers de Japonais anonymes qui ont vu leur vie détruite par l'accident se poursuit dans un silence quasitotal des grands médias.

F- Quelle politique énergétique après Fukushima ?

Malgré le redémarrage de deux réacteurs en 2015, la question de la réactivation de tout le parc nucléaire

1- Voir dans la même collection J.M. Bouissou et G. Delamotte, « Démocratie re-made in Japan », art. cité.

reste un sujet politique brûlant, qui divise l'opinion japonaise, mais aussi les partis politiques.

Quoi qu'il en soit, le fait est que le Japon a pu pratiquement sortir du nucléaire pendant plus de trois ans[1] sans s'effondrer, même si le coût économique et écologique du remplacement de l'atome par les hydrocarbures est élevé. Mais, plongé dans cette situation totalement inédite, et alors que la réponse qu'il y apportera aura valeur d'exemple pour le monde, il peine à définir sa nouvelle politique énergétique.

Sortir du nucléaire : une option vite abandonnée

Fukushima a eu un impact immédiat sur la vie politique japonaise, d'autant plus que depuis 2009 le très pronucléaire PLD avait été remplacé au pouvoir par le Parti démocrate japonais (PDJ). Dès l'été 2011, le Premier ministre Naoto Kan, très critiqué pour la gestion de la crise dans laquelle il s'était personnellement impliqué, affirme publiquement que le choix du nucléaire civil a été une erreur pour le Japon et envisage une sortie du nucléaire. Il est immédiatement contredit par plusieurs de ses ministres (dont, sans surprise, celui du METI) et poussé à la démission en septembre.

1- Tous les réacteurs se sont trouvés à l'arrêt le 5 mai 2012. Deux ont redémarré de juillet 2012 à septembre 2013, avant un nouvel arrêt complet jusqu'en août 2015. Depuis, deux réacteurs ont été redémarrés dans la centrale de Sendai, au sud de l'île de Kyûshû mais la métropole de Tokyo continue de vivre sans nucléaire depuis plus de quatre ans.

Son remplaçant Yoshihiko Noda doit compter avec une mobilisation sans précédent des antinucléaires (voir p. 141). En juin 2012, 150 000 personnes manifestent devant sa résidence officielle. Il met en place une commission pour étudier l'avenir énergétique du pays. Un bref moment, la balance semble pencher vers une sortie du nucléaire en 2040, Noda déclarant début septembre vouloir « construire aussi vite que possible une société qui ne dépende pas de l'énergie nucléaire ». Cependant, sous la pression du « village nucléaire » mais aussi d'acteurs étrangers, comme l'ambassadeur français qui se rend en personne au cabinet du Premier ministre le 13 septembre, le gouvernement recule... et décide finalement de ne rien décider.

Il reste pourtant de l'affaire le vote en 2012 d'une loi assez ambitieuse destinée à promouvoir les énergies renouvelables, notamment en forçant les compagnies d'électricité à acheter à un prix garanti celle qui sera ainsi produite. Cela ne les enthousiasme guère, mais elles sont parvenues à introduire dans le texte une clause qui leur permet de sortir du dispositif s'il « menace la stabilité de l'approvisionnement en énergie ». Une menace qu'elles sont libres d'apprécier elles-mêmes, à leur gré (!), ce qui leur a permis d'activer la clause de retrait en 2015.

Le retour du lobby nucléaire au pouvoir

En décembre 2012, le PLD revient au pouvoir. Le Premier ministre Shinzô Abe ne cache pas sa volonté de redémarrer les réacteurs qui répondront aux nouvelles normes de sécurité édictées par l'Autorité de sûreté nucléaire (NRA[1]), créée pour remplacer la NISA, complètement déconsidérée. Placée sous la tutelle non plus du METI mais de l'assez peu puissant ministère de l'Environnement, la NRA conditionne tout redémarrage au renforcement de la résistance aux séismes, mais aussi aux attaques terroristes (qui n'avaient jamais été prévues), ainsi qu'à la mise en place de plans d'évacuation en cas d'accident étendus jusqu'aux zones situées à 30 km des centrales.

Une très large majorité des Japonais restent malgré tout hostiles au redémarrage des réacteurs, mais les antinucléaires sont incapables de s'unir. En 2014, l'élection du gouverneur de Tôkyô leur donne une occasion en or. Un « ticket antinucléaire » rassemble deux anciens Premiers ministres, dont l'un, Junichirô Koizumi, jouit d'une très grande popularité. Mais ils n'ont pas le soutien des partis qui se proclament aussi antinucléaires (PDJ et Parti communiste), et c'est le candidat PLD qui l'emporte, alors que le camp antinucléaire était clairement majoritaire. Leurs divisions condamnent les antinucléaires à l'impuissance politique face au lobby compact qui domine le PLD.

La même année, quatre réacteurs ont obtenu le feu vert de la NRA pour redémarrer. Le 10 août 2015, l'un d'entre eux l'a fait, dans la préfecture de Kagoshima, non sans un raté d'assez mauvais effet dû à la défaillance d'une pompe dans le circuit de refroidissement... Mais chacun de ces redémarrages se heurtera à des procédures judiciaires. La remise

1- Nuclear Regulatory Authority.

en route du parc nucléaire japonais pourrait prendre des années et elle ne sera jamais complète. Sur 54 réacteurs, six ont été perdus (Fukushima-1), quatre ne seront très probablement jamais redémarrés pour des raisons politiques (Fukushima-2), un a été arrêté d'autorité comme trop dangereux (Hamaoka), et cinq sont considérés comme obsolètes par leurs exploitants.

Le nucléaire en son jardin

Depuis l'arrêt du parc japonais, c'est la Corée du Sud qui a remplacé le Japon dans le rôle de pilier principal du nucléaire civil en Asie. Mais elle est talonnée par la Chine et l'Inde, dont les projets gigantesques de construction de centrales font saliver toute l'industrie nucléaire mondiale.

A- Corée du Sud. Une puissance qui se révèle

La Corée du Sud est aujourd'hui le pays asiatique le plus dépendant à l'égard du nucléaire, qui lui fournit 30 % de son électricité. Avec 150 TWh d'électricité d'origine nucléaire produite en 2014, il se place désormais en quatrième position derrière les Etats-Unis, la France et la Russie. Celle-ci provient de 24 réacteurs répartis sur quatre sites : les centrales de Hanul, Kori et Wolseong sur la côte orientale de la péninsule, et celle de Hanbit sur la côte ouest. Quatre réacteurs sont en construction et six autres réacteurs devraient être construits d'ici à 2035, avec l'ambition de porter la part du nucléaire à 59 % dans la production d'électricité.

Bien que ravagée par la terrible guerre civile de 1950-1953, la Corée du Sud a démarré son premier réacteur de recherche dès 1962, soit seulement cinq ans après celui de Tôkai-mura. Elle a bénéficié des mêmes encouragements et de la même aide technologique que les Etats-Unis avaient prodigués au Japon. Son premier réacteur commercial a été mis en fonctionnement en 1978, et l'extension du parc s'est poursuivie ensuite sans discontinuer, avec une fluidité assurée par la concentration du secteur nucléaire aux mains de la Compagnie d'électricité de Corée du Sud (Kepco), dont l'Etat contrôle la moitié du capital et qui est pilotée d'une main de fer par l'équivalent sud-coréen du tout-puissant METI nippon.

Kepco est en charge à la fois de l'exploitation des centrales et de la conception des réacteurs. Elle a considérablement progressé sur ce dernier point. Son réacteur OPR-100, et plus encore l'APR-1400, qui doit équiper les nouvelles centrales de Shin-Kori et Shin-Hanul, sont des produits tout à fait compétitifs. L'APR-1400, technologiquement assez proche de l'EPR d'Areva, dont on connaît les déboires, serait 23 % moins cher. Un argument de taille pour les pays en développement d'Asie et d'ailleurs qui cherchent aujourd'hui à étendre leur capacité nucléaire.

La Corée du Sud ambitionne d'exporter pas moins de 80 réacteurs d'ici à 2030, pour un chiffre d'affaires de 400 milliards de dollars, ce qui en ferait le troisième exportateur mondial derrière les Etats-Unis et la Russie, et devant la France. En 2010, les Coréens ont déjà damé le pion à cette dernière au Moyen-Orient en vendant un réacteur de recherche à la Jordanie et quatre APR-1400 aux Emirats arabes unis, pour 20,4 milliards de dollars au contrat, et 10 autres milliards à l'achèvement des travaux. A titre de comparaison, le seul EPR de Flamanville, encore loin de démarrer, a déjà coûté aujourd'hui près de 10 milliards d'euros.

Une industrie contestée depuis Fukushima

L'industrie nucléaire n'en est pas moins critiquée au Pays du Matin calme. Fukushima y est bien sûr pour quelque chose. La catastrophe a suscité une inquiétude très forte, bien que le système des vents dominants mette en principe la Corée à l'abri d'un nuage radioactif. Mais si plusieurs milliers d'antinucléaires ont manifesté dans les rues de Séoul en décembre 2011 contre la construction de nouvelles centrales, c'est aussi parce que le parc coréen inspire les mêmes inquiétudes que celui du Japon : une série de scandales ont révélé des failles majeures dans la sécurité, des accidents dissimulés par Kepco, et le laxisme, voire la complaisance, des autorités de contrôle…

En 2012, deux des réacteurs de la centrale de Hanbit ont dû être arrêtés pour remplacer près de 5 000 composants qui n'avaient jamais été contrôlés au stade de la construction et avaient « bénéficié » de faux certificats de sécurité. En 2013, les mêmes faits ont été révélés à Kori et Shin-Wolseong, ainsi que la dissimulation d'un grave accident dans le circuit de refroidissement de Kori. De très hauts responsables sont impliqués, jusqu'au vice-président de Kepco. En 2014, un grave accident s'est produit à Kori, où une fuite d'azote dans un réacteur APR-1400 a fait trois morts.

La même année, Kori et Wolseong ont subi une cyber-attaque revendiquée par un mystérieux groupe antinucléaire, qui menaçait en outre sur Twitter de faire exploser les centrales. Les plans des centrales figuraient parmi les données piratées. Les autorités ont conclu à une opération menée par la Corée du Nord, qui a nié, et se sont empressées d'affirmer que ce piratage ne présentait aucun danger. L'opérateur des centrales a dûment assuré avoir renforcé la sécurité informatique. L'affaire n'en a pas moins révélé des failles inquiétantes.

Entre accidents, dissimulation et mensonges, la méfiance s'installe chez les Coréens. En mars 2013, un sondage a montré que 63 % des personnes interrogées estimaient que les centrales nucléaires n'étaient pas sûres, contre 54 % l'année précédente. Conscient de ce désamour, le lobby nucléaire a activé la « machine à faire accepter », sur le modèle du Japon. Six mois seulement après Fukushima, la Korean Energy Promotion Agency a lancé une grande campagne pour vanter les avantages et la sécurité du nucléaire, avec l'appui de l'AIEA mais aussi du Forum atomique industriel français (FAIF).

Cet effort n'a pas empêché la structuration d'un mouvement antinucléaire pérenne, organisé depuis 2012 au sein du East Coast Solidarity for Anti-Nuke Group. Supportée par la très influente Eglise catholique coréenne, cette organisation s'oppose à la construction des nouveaux réacteurs prévus à Kori et Hanul. Il n'y a toutefois pas apparence que cette opposition puisse entraver la construction en cours des quatre APR-1400 de Shin Hanul et Shin Kori, dont la mise en service est prévue d'ici 2018. Ni sans doute celle des six autres qui devraient suivre entre 2021 et 2027.

B- Chine.
En avant toute !

Des besoins gargantuesques

Avec une croissance qui a longtemps été à deux chiffres dans les années 2000, et même si son rythme est tombé aujourd'hui autour de 7,5 %, la République populaire de Chine a des besoins en énergie gargantuesques. En 2014, elle a consommé plus de 5 649,6 TWh[1] d'électricité, dont plus des trois quarts proviennent du charbon, 19 % de l'hydraulique (barrages géants des Trois-Gorges et du fleuve Jaune), 4 % d'autres énergies renouvelables – et seulement 2,4 % du nucléaire.

Cette place minuscule du nucléaire laisse évidemment prévoir un gigantesque développement à venir. D'autant plus que, dans un pays où le fléau de la

1- 1 terawatt-heure = 1 000 milliards de watts. La consommation de la France en 2014 était de 465,3 TWh.

pollution atmosphérique atteint des niveaux records, l'argument selon lequel le nucléaire est une énergie propre (à défaut d'être sûre) fait mouche. En outre, la Chine entend désormais dépasser le stade où elle n'était que l'« atelier du monde » pour entrer dans une nouvelle étape de sa croissance fondée sur le progrès technologique. La RPC connaît donc aujourd'hui une véritable fièvre nucléaire. Les centrales y poussent à un rythme effréné, d'autant plus que l'accident de Fukushima n'y a guère eu de répercussions, en raison des limites très étroites assignées à la liberté d'expression. Les antinucléaires peinent autant à se faire entendre que toutes les autres formes d'opposition.

Le gouvernement entend tripler la part du nucléaire dans le mix énergétique chinois (de 2 à 6 %) d'ici à 2020. Il y faudra une centaine de réacteurs en activité, contre 30 au jour où ce livre est écrit, 21 en construction, et plus d'une soixantaine en projet.

La France est présente sur ce gigantesque marché d'avenir, avec la construction de deux réacteurs EPR à la centrale de Taishan pour 8 milliards d'euros. Mais, grâce à la technologie que les entreprises occidentales ne peuvent guère refuser de partager si elles ne veulent pas être écartées du marché, et qu'elle ne cesse d'adapter ou d'améliorer, la RPC maîtrise désormais l'ensemble de la technologie du cycle nucléaire, depuis l'enrichissement d'uranium jusqu'au retraitement des déchets. Elle a donc développé sa propre gamme de réacteurs jusqu'à la troisième génération[1] : les CAP-1400, sur le modèle

---

1- Celle de l'EPR, de l'APR-1400 coréen et de l'AP-1 000 de Toshiba-Westinghouse.

du Toshiba-Westinghouse AP-1000, et l'ACPR-1000, développé localement. Et comme la Corée du Sud et le Japon, elle entend elle aussi partir à l'export, notamment en développant des réacteurs *low cost* pour l'Amérique du Sud ou les pays émergents d'Asie. Elle a d'ailleurs déjà fait ses premiers pas en vendant deux réacteurs au Pakistan (voir p. 79).

Des résistances embryonnaires

Face au risque environnemental, des résistances locales têtues apparaissent pourtant ici ou là et font parfois reculer le gouvernement. Dans la province du Guangdong, qui concentre le plus grand nombre de réacteurs en Chine, les habitants de Heshan, non loin de Hongkong, se sont mobilisés contre la construction d'une usine d'enrichissement d'uranium à 6 milliards de dollars qui devait fournir ces réacteurs en combustible. Les autorités locales offraient un bon prix pour les 229 hectares de terres nécessaires, mais la plupart des propriétaires ont refusé de vendre. Devant la mobilisation des réseaux sociaux et les manifestations de rue, le gouvernement local a abandonné le projet en 2013, s'inquiétant du « risque d'instabilité sociale ».

Au Guangdong, qui est à l'avant-garde de la modernisation économique chinoise, les mouvements sociaux et les résistances aux grands projets industriels sont plus vigoureux qu'ailleurs[1] : rien

1- Voir dans la même collection Séverine Arsène, « Internet en Chine », dans *Internet en Asie*, 2012, et Chloé Froissart, « La démocratie en Chine », dans *La Démocratie en Asie*, 2015.

qu'en 2011, 36 projets ont été ainsi abandonnés en raison du « risque d'instabilité sociale ». Mais, en l'absence des droits démocratiques de base, il est peu probable qu'un mouvement antinucléaire national significatif puisse émerger en RPC. Une exception étant, à quelques kilomètres de Heshan, la région autonome de Hong Kong et ses 7 millions d'habitants, où ces droits sont pour l'heure mieux garantis.

Hong Kong, cité rebelle au nucléaire ?

Aucune centrale nucléaire n'est implantée sur le territoire de la région autonome. Mais celle de Daya Bay, située à quelques dizaines de kilomètres, lui fournit presque le quart de son électricité. Le reste provient du charbon (54 %) et du gaz naturel. Mise en service en 1993 et équipée de deux réacteurs de conception française, Daya Bay est l'une des plus anciennes centrales chinoises. La société hongkongaise CLP détient 25 % de son capital.

Les autorités hongkongaises se sont résolument engagées dans la lutte contre la pollution de l'air qui empoisonne la ville, comme bien d'autres en Chine, à commencer par Pékin. Depuis 1997, elles ont interdit toute construction de nouvelle centrale à charbon. Divers scénarios de remplacement ont été étudiés. L'un préconisait de porter à 60 % la part du gaz dans le mix énergétique de la région autonome, ce qui aurait eu l'avantage politique de lui donner plus d'autonomie énergétique vis-à-vis de la RPC. Mais Hong Kong semble finalement avoir fait le choix du nucléaire, sans doute en raison d'un moindre coût.

Le scénario envisagé aujourd'hui pour 2020 devrait faire passer la part du nucléaire à 50 %, contre 40 % pour le gaz et 3 % pour les énergies renouvelables, le charbon étant réduit à seulement 7 %. Pour ce faire, deux nouveaux réacteurs devraient être construits à Daya Bay, et la région prévoit d'importer 17 % de l'électricité produite par la nouvelle centrale de Yangjiang, au Guangdong, mise en marche en 2015.

Mais ce choix rencontre une résistance qui a déjà une longue histoire. Dès 1985, au moment où le projet de construction de Daya Bay par la Chine a vu le jour, une partie du camp prodémocrate au Conseil législatif de la métropole s'y était opposée. Une pétition contre le projet avait été signée par plus d'un million de Hongkongais, soit 1/5e de la population. Aujourd'hui, le mouvement antinucléaire est toujours actif dans cette ville rebelle, et l'accident de Fukushima l'a conforté.

Menés par le leader local de Greenpeace, Koo Wai-Muk, les antinucléaires dénoncent, manifestations à l'appui, la construction de réacteurs à un rythme effréné dans le Guangdong : il en existe déjà huit à moins de 50 km du centre de Hong Kong, et pas moins d'une vingtaine d'autres devraient être mis en service d'ici à 2050 dans le delta de la rivière des Perles.

C-Vietnam. Leader en Asie du Sud-Est

Une histoire plus longue qu'on ne croit

L'histoire de l'atome au Vietnam a commencé bien plus tôt qu'on ne pense. Dès 1958, le pays, alors sous protection américaine après la débâcle française, a commencé la construction d'un petit réacteur de recherche à Dalat, au sud du Vietnam, sous les auspices du programme *Atoms for Peace*, dont le Japon bénéficiait aussi au même moment, et avec l'aide de General Electric, qui assistait aussi les Japonais. Achevé en 1963, ce réacteur ne servira pas longtemps : embourbés dans le conflit vietnamien qui tourne de plus en plus mal, les Américains le feront démonter pour éviter qu'il ne tombe dans de mauvaises mains.

Cependant, dès la fin de la guerre en 1975, le Vietnam réunifié par les communistes crée une Commission à l'énergie atomique au sein du ministère de la Science et de la Technologie. Hanoi, signataire du traité de non-prolifération, ne songe pas à développer l'arme nucléaire mais ambitionne de se doter d'un parc civil. Avec l'aide de l'URSS et sous contrôle de l'AIEA, le réacteur de recherche de Dalat est reconstruit. Il servira à former les premiers ingénieurs et scientifiques pour le secteur nucléaire, mais aussi à produire des isotopes à usage médical.

Aujourd'hui le Vietnam, avec ses 93 millions d'habitants et une économie qui croît régulièrement au rythme de 5 % par an, ambitionne de rejoindre les grands pays nucléarisés d'Asie en quelques décennies. Dès 1995, le gouvernement avait laissé entendre que le pays pourrait commencer à construire des centrales nucléaires en 2015. En 2006, il a officialisé sa volonté d'introduire le nucléaire dans le mix énergétique, dont il pourrait représenter au moins 20 % en 2050. En 2007, l'objectif de 8 000 MW d'électricité nucléaire a été fixé pour 2025, soit la production d'environ huit réacteurs. En 2008, une loi sur l'énergie nucléaire a été votée et la province méridionale de Ninh Thuân choisie pour construire les deux premières centrales, dont chacune aura quatre réacteurs de 1 000 MW.

Accords avec la Russie, le Japon et constructions à crédit

En 2010, Hanoi a signé deux contrats le même jour. Le premier avec le Russe Atomstroyexport, une filiale de Rosatom, pour quatre réacteurs destinés à la centrale de Ninh Thuân-1. L'autre avec le Japonais JINED[1], un consortium qui rassemble toutes les compagnies d'électricité nippones et les trois grands concepteurs de centrales (Toshiba, Hitachi, Mitsubishi Heavy Industries), afin d'unir leurs forces pour exporter vers les pays émergents. La JINED doit construire quatre réacteurs Gen-III pour la centrale de Ninh Thuân-2.

1- Japan International Nuclear Energy Development.

Comme la Chine au Pakistan, la Russie et le Japon fournissent le financement. La Russie pour Ninh Thuân-1 à hauteur de 85 %, *via* un prêt de 8 milliards de dollars accordé par le Bureau de crédit de l'Etat russe. Le METI pour NinhThuân-2, également à 85 %. Les accords avec la Russie et le Japon prévoient aussi l'envoi de 2000 techniciens et ingénieurs vietnamiens du nucléaire en formation sur les chantiers de Rosatom et du JINED à l'étranger, où ils s'initieront à la construction des centrales.

Manifestement soucieux de diversifier ses fournisseurs, le Vietnam a aussi signé en 2012 avec la Corée du Sud pour quatre APR-1400. Le Français EDF, l'Américain General Electric et l'américano-japonais Westinghouse Electric C° LLC sont également sur les rangs pour de futurs contrats dans un pays qui semble bien devoir être l'eldorado du nucléaire en Asie du Sud-Est.

La « machine à faire accepter » à la peine ?

Pour faire vraiment passer un pays à l'ère du nucléaire, il ne suffit pas de bâtir des centrales ; comme on l'a vu au Japon, il faut aussi convaincre le public d'accepter une énergie qui a mauvaise réputation, et plus encore depuis Fukushima. Le ministère de l'Industrie vietnamien et la Commission à l'énergie atomique – avec l'aide intéressée des industriels japonais du nucléaire, forts d'une riche expérience en matière de propagande – ont ainsi organisé en 2008 à Hô-Chi-Minh-Ville et dans la province de Ninh Thuân une série d'expositions consacrées à « l'utilisation de l'énergie atomique pour la paix ». En 2013, sans mentionner Fukushima mais en y pensant sans doute très fort, les autorités ont lancé un « projet national pour l'information de la population sur le développement du nucléaire », visant à faire mieux connaître (et surtout mieux accepter) cette énergie.

Néanmoins, la population n'est peut-être pas aussi convaincue des bienfaits du nucléaire que les autorités le souhaiteraient. Même les dirigeants semblent divisés : « Après Fukushima, certains membres du gouvernement ont insisté sur la nécessité de renforcer la sécurité nucléaire et d'obtenir l'accord de la population », rappelle un expert vietnamien ayant requis l'anonymat. Par ailleurs, l'épineuse question des déchets nucléaires reste pour l'heure sans solution, même si des négociations sont en cours avec la Russie.

Dans ce contexte, les travaux à Ninh Thuân-1, qui avaient débuté en décembre 2014, ont été reportés à 2020 après seulement un mois. Officiellement, il ne s'agit que de mieux assurer la sécurité du site, et le choix du nucléaire n'est pas remis en cause. Mais l'enthousiasme des dirigeants semble un peu refroidi : en annonçant le report des travaux, ils ont bien souligné que le nucléaire ne devait de toute façon fournir que 1,3 % de l'électricité du pays en 2020, et que ce report n'aurait donc qu'un impact minime. A moins qu'il ne se transforme en gel du programme…

L'atome est-il indispensable au « pays de l'Eau » ?

A la différence de la Chine, dont les villes étouffent sous la pollution atmosphérique, le Vietnam peut se donner un peu de temps. Son mix énergétique actuel est relativement vertueux. En 2012, le charbon n'y entrait que pour 18 %, contre 36,5 % pour le gaz et 44 % pour l'hydroélectricité : ce n'est pas pour rien que le Vietnam a été surnommé le « Pays de l'eau ». Les centaines de cours d'eau qui le traversent en charrient 880 milliards de m^3 par an, soit dix millions de litres par habitant ! Toutefois, la capacité en hydroélectricité ayant atteint ses limites, ses dirigeants devront trancher clairement sur l'option nucléaire, qui a leur faveur mais devant laquelle ils semblent aujourd'hui sinon perplexes, du moins prudents.

D- Inde.
Coopérations tous azimuts

Lorsqu'on évoque le nucléaire en Inde, c'est avant tout à la bombe que l'on pense, et à celle que possède aussi son voisin et ennemi pakistanais (voir p. 105). Mais, au plan civil, l'Inde est déjà dotée de vingt et un réacteurs répartis dans sept centrales, et en construit actuellement six autres. Néanmoins, comme en Chine, la part du nucléaire dans la production d'électricité est encore minuscule (3,5 % en 2014). Pour les mêmes raisons, ce secteur semble donc promis à un développement massif. Toutefois, Fukushima aidant, ce projet se heurte à des oppositions croissantes.

Le civil dans les wagons du militaire

L'histoire du nucléaire civil en Inde est inséparable de celle de la bombe. Le premier réacteur de recherche a été mis en fonctionnement dès 1960. Il avait été construit avec l'assistance du Canada, grâce à un accord de 1956 et contre la promesse de ne pas l'utiliser à des fins militaires, mais sans qu'aucune garantie ne soit apportée. En 1963, toujours grâce au Canada, le premier réacteur de la centrale du Rajasthan (RAPP-1) est entré en activité, suivi par un deuxième en 1966. De nombreuses barrières sont censées empêcher leur utilisation à des fins militaires, bien que l'Inde n'ait pas signé le traité de non-prolifération (TNP, 1968).

L'Inde n'en réalise pas moins son premier essai nucléaire en 1974. Toute aide occidentale à son programme est aussitôt suspendue. Elle se tourne alors vers l'URSS pour construire ses nouveaux réacteurs civils, tout en poursuivant son programme militaire. Il en résulte un embargo des pays occidentaux mais aussi de la Chine sur toutes les fournitures de matériel, de technologie et de combustibles nucléaires.

Quand l'Occident mange son chapeau

Cependant, dans les années 2000, l'Occident change de ton. Le statut de l'Inde comme puissance nucléaire est désormais un fait irréversible, et elle devient un marché très prometteur à mesure qu'elle cherche à développer son parc civil pour répondre aux besoins en énergie grandissants de son économie émergente. En 2008, un accord avec les Etats-Unis lui permet d'obtenir le blanc-seing du groupe des fournisseurs nucléaires. Suivent de nombreux contrats avec la France, la Grande-Bretagne, le Canada et la Corée du Sud. Les risques de prolifération et de sécurité dans la région sont oubliés.

Le programme nucléaire civil indien est d'autant plus ambitieux que les incertitudes de l'approvisionnement en électricité constituent l'un des principaux goulots d'étranglement qui gênent sa croissance économique. Tout comme la Chine, le gouvernement indien entend tripler la production d'électricité nucléaire, en passant de 5,3 GWe aujourd'hui à 15 GWe en 2024. L'Inde ambitionne de porter la part du nucléaire à 25% d'ici à 2050. Mais, à la différence de l'empire du Milieu, cela pourrait s'avérait plus difficile.

Six réacteurs sont aujourd'hui en construction dans le sous-continent. Cependant, dans un pays où le souvenir du drame environnemental et humain de Bhopal[1] est encore très présent, la construction des centrales se heurte à des résistances locales souvent violentes. C'est notamment le cas pour l'EPR en construction à Jaitapur et le réacteur russe de la centrale de Kudankulam (voir p. 165-183) Le

1- A Bhopal, le 3 décembre 1984, une fuite de 32 tonnes de gaz toxiques dans une usine chimique d'US Union Carbide a fait plus de 20000 morts. Le nombre de malades et d'invalides est estimé aujourd'hui à 300000.

programme d'extension du parc nucléaire se poursuit, mais ces résistances pourraient lui poser problème.

E- Pakistan. La bombe, et après ?

Le Pakistan dispose d'un parc nucléaire plus petit que celui de son meilleur ennemi, mais ses ambitions ne sont pas moindres, d'autant que lui aussi connaît de graves pénuries d'électricité, avec des coupures de courant à répétition qui durent parfois jusqu'à vingt heures.

Actuellement, trois réacteurs sont en service : deux dans la centrale de Chashma, au Punjab, et un dans le complexe nucléaire de Karachi (KANUPP), qui sert aussi de centre de recherche et de formation. L'ensemble du nucléaire civil est sous la tutelle de l'Agence nucléaire et scientifique, et surtout de la PAEC[1], dont le président de 1972 à 1991, Munir Ahmad Khan, est considéré aussi comme l'un des deux pères de la bombe atomique pakistanaise[2].

Une trajectoire « à l'indienne »

La première centrale pakistanaise a démarré dans le cadre du KANUPP en 1972, sous l'impulsion du Premier ministre Zulfikar Ali Bhutto. Comme en Inde, c'est le Canada qui a fourni le premier réacteur. Le Pakistan se lance aussi dans la construction d'une

1- Pakistan Atomic Energy Commission.

2- Avec Abdul Qadeer Khan, organisateur d'un gigantesque marché noir de l'atome (voir p. 111)

usine de retraitement, avec les aides britannique et française. Comme en Inde aussi, dès l'origine, les programmes nucléaires civil et militaire sont étroitement liés, avec le même résultat : les pays occidentaux cessent toute aide. La Grande-Bretagne le fait dès 1974 et la France, de mauvais gré, en 1977, sous la pression des Etats-Unis.

Le programme civil est alors suspendu, et le Pakistan consacre tous ses moyens à se doter de la bombe, avec l'aide de la Chine. Quand il redémarre son programme civil en 1989, c'est naturellement vers cette dernière qu'il se tourne. La construction de la centrale de Chashma commence en 1993, et son premier réacteur est connecté au réseau électrique en 2000. En 2011, un second réacteur a été démarré dans cette centrale.

L'Occident hors jeu

La France essaye bien de revenir sur le marché qu'elle avait quitté à son corps défendant, et l'URSS de s'y inviter. En 1989, le président François Mitterrand en visite à Karachi promet un réacteur. Des négociations sont entamées pour la construction de centrales, mais les Etats-Unis s'interposent et les tractations n'aboutissent pas. Quant aux Soviétiques, après la démission de la Première ministre Benazir Bhutto en 1991, son successeur, Nawaz Sharif, bien moins enthousiaste pour la relance d'un programme nucléaire civil coûteux, ne voit plus aucun intérêt à négocier avec eux, alors que l'URSS s'écroule.

La Chine tire les marrons du feu

La Chine a donc la voie complètement libre sur un marché qui semble prometteur. En février 2014, la PAEC a annoncé vouloir construire d'ici à 2050 huit centrales dotées de 32 réacteurs. En attendant, les entreprises chinoises ont signé pour la construction de quatre nouveaux réacteurs dans les centrales existantes (deux à Chashma et deux de 1 100 MW chacun à Karachi). Bien décidée à monopoliser le marché, la Chine fournit aussi le financement : pour le chantier de Karachi, sa banque publique Exim a consenti un prêt à taux préférentiel de 4,7 milliards d'euros sur vingt ans.

Dans un pays instable, où les groupes islamistes sont très solidement implantés, les risques ont pourtant de quoi inquiéter, d'autant plus que la KANUPP est située à seulement 18 km de Karachi et de ses 20 millions d'habitants. Par ailleurs, l'AIEA se trouve dans une position très inconfortable. Ses experts contrôlent de près la construction des nouveaux réacteurs par les Chinois, mais Karachi lui refuse tout droit de regard sur ses installations militaires, à commencer par les centrifugeuses qui produisent l'uranium enrichi nécessaire aux bombes atomiques – tout en arguant du précédent indien pour demander à l'Occident de ne pas faire obstacle à la relance de son programme nucléaire civil.

F- Mongolie. Eldorado de l'uranium et poubelle nucléaire ?

La Mongolie n'a aujourd'hui aucune intention de développer une filière nucléaire et s'est déclarée « zone sans armes nucléaires ». Elle a pourtant sa place ici, comme l'aurait aussi le Kazakhstan en Asie centrale, car elle est en passe de devenir l'un des principaux fournisseurs d'uranium au monde.

Des mines pour Areva, des maladies pour les nomades

Les ressources minières de la Mongolie représentent 94 % de ses exportations. Cet immense territoire très peu peuplé (moins de 3 millions d'habitants sur 1,5 million de km carrés) possède en quantité de l'or, de l'argent, du charbon, du fer, du zinc, du phosphore – et de l'uranium. La plupart des gisements de ce minerai se trouvent à l'est du pays, près du désert de Gobi, et selon les estimations du département à l'énergie nucléaire, ils recèleraient environ 1,5 million de tonnes.

Une mine d'uranium (Mardai) a déjà été exploitée par les Russes de 1988 à 1995. Après leur départ, on a relevé dans certains villages des taux de radioactivité jusqu'à 50 fois supérieurs à la normale. Les habitants, inconscients du danger, avaient construit leurs maisons, et même une école maternelle, avec des matériaux provenant des installations minières. Aucune étude d'impact sur leur santé n'a jamais été menée…

Les Russes à peine partis, le Français Areva est venu poser ses valises en Mongolie (1997). Il a été le principal bénéficiaire de la loi de 2009 qui a ouvert en grand la voie à l'exploitation de l'uranium sous forme de concessions attribuées à des compagnies étrangères. Titulaire, pour un total de 10 000 km^2, de 25 des 58 concessions accordées à ce jour à 13 compagnies étrangères, Areva peut se féliciter de s'être très tôt intéressée à la Mongolie. La stabilité de ce pays est remarquable, alors que la situation se dégrade au Niger, fief traditionnel d'Areva, et que le rachat des mines du Canadien Uramin a été pour l'entreprise un fiasco ruineux. Consolidant sa position déjà prépondérante, un accord associant Areva à son partenaire japonais favori (Mitsubishi) et au Mongol Mon-Atom a été signé en 2013 à Oulan-Bator, en grande pompe et en présence du ministre des Affaires étrangères Laurent Fabius.

La délégation française n'a sans doute guère prêté attention aux manifestations antinucléaires qui ont ponctué son arrivée. Pourtant, des problèmes pourraient bien s'annoncer. Selon Lkhagvajav Selenge, président des Verts mongols et animateur du réseau For a Nuclear Safe Mongolia, des problèmes de contamination radioactive sont déjà apparus là où Areva a commencé des essais pour extraire l'uranium par lixiviation *in situ* (ISL). Cette technique, proche de celle utilisée pour extraire le gaz de schiste, est déjà largement utilisée au Kazakhstan. Elle consiste à injecter dans la roche une solution acide qui la dissout en quelques mois, au terme desquels on peut pomper le mélange contenant de l'uranium. Efficace, l'ISL est cependant décriée pour les risques irréversibles de contamination des nappes phréatiques qu'elle comporte.

Depuis que les essais d'Areva ont commencé, les pasteurs nomades des environs ont vu apparaître dans leur bétail des maladies des organes internes (foie, poumons) inconnues jusqu'alors, et les naissances de bêtes mal formées se sont multipliées. Une étude menée par les autorités n'a prudemment ni infirmé ni confirmé leur lien avec l'extraction d'uranium par ISL. Mais pour Lkhagvajav Selenge, il ne fait guère de doute que c'est bien cette technique qui entraîne une contamination radioactive des sols et de l'eau.

La future poubelle nucléaire de l'Asie ?

Si les nomades semblent peser bien peu face aux grandes compagnies minières, un autre projet a pourtant créé un tel tollé qu'il a été mis en échec, au moins provisoirement. En 2011, le gouvernement avait annoncé que la Mongolie était disposée à accueillir les déchets nucléaires du Japon, de la Corée du Sud et de Taiwan, et éventuellement d'ailleurs, pour les enfouir dans le désert de Gobi, où aucune population ne protesterait. Cette proposition a suscité une grande excitation sur toute la planète nucléaire, où la gestion des déchets est devenue un casse-tête insoluble.

Mais, en Mongolie aussi, cette annonce a fait l'effet d'une bombe. Les antinucléaires ont organisé des actions et des manifestations qui ont trouvé un important écho. Pour une fois, les médias leur ont donné la parole. Dans ce contexte, le président Tsakhiagiyn Elbegdorj a décidé prudemment de faire machine arrière sur le dépotoir nucléaire afin d'éviter que la contestation s'étende à l'essentiel : l'extraction d'uranium à très grande échelle. Mais chacun, à commencer par les antinucléaires, peut présumer que le projet ne fait qu'attendre une conjoncture plus favorable dans les tiroirs du ministère de l'Energie.

Il suffira que la « machine à faire accepter » fasse son travail… Tout comme l'on a invité en France tous frais payés les leaders d'opinion de Rokkasho, « pour leur montrer que tout va bien » autour de La Hague, des journalistes mongols se voient offrir des voyages soigneusement organisés vers les sites d'extractions d'uranium au Kazakhstan, et parfois jusqu'en France. Depuis la fin de la polémique sur l'enfouissement des déchets dans le désert de Gobi, les médias n'accordent plus guère de place à ceux qui s'inquiètent des risques environnementaux et sanitaires que les mines d'uranium font peser sur la Mongolie. La *public acceptance* progresse, l'extraction massive va pouvoir commencer.

L'ATOME MENACÉ D'ÉCHEC

L'atome n'est pas le bienvenu partout en Asie. De Taiwan au Bangladesh, l'industrie nucléaire peine à s'implanter. Elle y a pourtant réussi à Taiwan dès 1978 et aux Philippines en 1984. Mais, après 1986, l'accident de Tchernobyl lui donne moins bonne presse, et la centrale philippine ne sera jamais mise en service.

L'intérêt pour le nucléaire civil reparaît à la fin des années 1990, qui ont vu nombre de pays d'Asie émergente connaître une croissance économique rapide.

Il en a résulté des besoins croissants en énergie, que le nucléaire a semblé pouvoir satisfaire. Dans ce contexte, en 1998, le comité Science et Technologie de l'ASEAN a décidé d'explorer les possibilités du nucléaire civil et de le promouvoir. Sans grand succès pourtant jusqu'au choc pétrolier de 2004. Mais à ce jour, au sein de l'ASEAN, seul le Vietnam semble plus ou moins « sur les rails nucléaires ». Et Fukushima n'a rien arrangé.

Si différents que soient les pays d'Asie émergente, les mêmes facteurs y ont produit le même effet : la mise en échec des projets de développement du nucléaire civil y est allée de pair avec le réveil des sociétés civiles, la sophistication croissante de leurs mobilisations (Internet aidant[1]), et une conscience grandissante des enjeux, notamment environnementaux, dans une population mieux éduquée. La chute des dictatures a servi de prélude aux échecs les plus spectaculaires du nucléaire, aux Philippines, en Indonésie, et peut-être demain à Taiwan, alors qu'il continue de pousser ses pions, non sans résistance, là où les régimes autoritaires se maintiennent, comme au Vietnam et dans une moindre mesure en Thaïlande (retournée *de facto* sous la coupe des militaires en 2014).

A- Taiwan. Premiers entrés, premiers sortis ?

Taiwan a précédé de loin la Chine continentale et tous les autres pays d'Asie, à l'exception du Japon,

1- Sur ce point, voir dans la même collection Chloé Froissart, Ingrid Therwath, Karyn Poupée et Alexandra Soulier, *Internet en Asie*, 2012.

dans le nucléaire civil. Mais, à la différence de la RPC, ce choix y est fondamentalement remis en question, sur fond de problèmes politiques locaux, et l'île pourrait bien être le premier pays développé à sortir pour de bon du nucléaire.

Le développement rapide de l'industrie a entraîné depuis vingt ans une augmentation des besoins de l'île en énergie, au rythme de 3,5 % par an de 1992 à 2012. Une première centrale nucléaire avait déjà été mise en marche dès 1978. Aujourd'hui, sur seulement 36 000 km^2 (la superficie de la Bretagne), l'île compte six réacteurs répartis dans trois centrales. Au nord, celles de Jinshan et Kuosheng abritent chacune deux réacteurs à eau bouillante. Au sud, Maanshan dispose de deux réacteurs à eau pressurisée.

Le nucléaire a pourtant été dépassé par le rythme de la croissance. A la fin des années 1990, il fournissait près du quart de l'électricité de l'île ; mais, en 2014, cette part était tombée à 16,3 %, loin derrière le charbon (43 %) et le gaz naturel (30 %). Le reste se partage entre le pétrole (6 %) et les énergies renouvelables (5 %).

Le nucléaire doit aussi compter avec une opposition tenace, qui se mobilise particulièrement contre le sort fait à l'île-poubelle de Lanyu et la construction d'une nouvelle centrale à Lungmen, près de Taipei.

L'île-poubelle et la « centrale la plus dangereuse du monde »

La petite île de Lanyu, au sud-est de Taiwan, d'une superficie de 45 km^2, est habitée par les aborigènes Tao. Depuis 1982, on y stocke les déchets des trois centrales du pays. Environ 100 000 barils de déchets faiblement radioactifs y ont été entassés dans des conditions désastreuses. Corrodés par le sel des embruns marins, ils laissent échapper de la radioactivité jusqu'en dehors du centre de stockage, comme l'a constaté l'Agence de régulation nucléaire taiwanaise dans un rapport de 2011. Parmi les multiples solutions envisagées, et dont aucune n'a abouti, il y aurait même eu, outre la piste mongole, le transfert des barils radioactifs vers une mine abandonnée… en Corée du Nord. Séoul et Tôkyô ont poussé les hauts cris, et cette affaire a contribué à dégrader fortement l'image du nucléaire dans l'opinion.

Le plus grave problème est néanmoins celui de la centrale de Lungmen, dont la construction a débuté en 1998. Ses deux réacteurs à eau bouillante de troisième génération, d'une puissance de 1 350 MW chacun, devaient refaire passer la part du nucléaire dans la production électrique au-dessus de 20 %. Mais le projet a connu des difficultés majeures depuis le début, en raison notamment d'une maîtrise d'œuvre trop dispersée entre GE-Hitachi pour les réacteurs, Mitsubishi pour les turbines, et divers constructeurs pour les autres composants. Certains scientifiques taiwanais et des ONG ont décrit Lungmen comme la centrale potentiellement la plus dangereuse au monde.

Vers une sortie du nucléaire ?

La catastrophe de Fukushima a donné au mouvement antinucléaire taiwanais une vigueur nouvelle (voir p. 156). En 2014, confronté à des manifestations massives et une grève de la faim spectaculaire, le gouvernement a suspendu *sine die* la construction du réacteur n° 2 à Lungmen. Celle du réacteur n° 1, presque achevée, sera terminée, mais sa mise en route est elle aussi ajournée jusqu'en 2017. L'avenir du nucléaire à Taiwan est aujourd'hui suspendu à un référendum que le gouvernement a promis, mais dont la date n'est pas encore fixée à ce jour.

Un abandon définitif de Lungmen pourrait conduire Taiwan à sortir du nucléaire d'ici dix ans. En effet, la durée de vie des 6 réacteurs aujourd'hui en fonctionnement est fixée à 40 ans et, en 2011, l'autorité de régulation a refusé de la prolonger. Dans l'état actuel des choses, les réacteurs seront donc mis progressivement à l'arrêt entre 2018 et 2025.

Toutefois, on peut se demander comment Taiwan compenserait l'arrêt de son parc nucléaire. Il existe des projets de centrales solaires et de champs d'éoliennes *offshore* et sur terre, mais il s'en faut de beaucoup qu'ils puissent répondre avant longtemps aux besoins en énergie sans cesse grandissants de l'île. Les centrales à charbon ayant une très mauvaise image dans l'opinion, en raison de la pollution de l'air qu'elles engendrent, c'est donc vraisemblablement à une augmentation de l'importation de gaz naturel que Taiwan devrait recourir à court terme, comme le Japon depuis Fukushima.

B- Thaïlande.
Des ambitions contrariées

Un engagement récent mais résolu

A la différence de Taiwan, l'intérêt pour le nucléaire est récent en Thaïlande. Ce n'est qu'en 2007 que les autorités ont envisagé pour la première fois de l'introduire dans le mix énergétique. Mais, depuis l'accident de Fukushima, cette ambition se heurte à une très forte opposition.

En 2013, le mix énergétique thaïlandais repose principalement sur le gaz naturel (67 %) et l'hydroélectricité (11 %), devant le lignite (10 %), le charbon (9,5 %) et la biomasse (2,5 %). Mais un tiers du gaz naturel est importé, principalement du Myanmar, où l'épuisement des réserves fait craindre une très forte hausse des prix. En outre, en raison de la croissance économique, la consommation d'électricité devrait doubler d'ici 2025. Les incitations de l'ASEAN pour que la région s'intéresse au nucléaire ont donc trouvé un écho favorable à Bangkok.

En 2007, le cabinet du Premier ministre a approuvé un plan de développement énergétique pour 2007-2021 incluant pour la première fois le nucléaire. Il prévoit la mise en service de deux centrales de 2 000 MW chacune en 2020 et 2021.

Pour ce faire, un budget de 6 milliards de dollars a été attribué à l'entreprise publique EGAT[1], qui a entamé des discussions avec Westinghouse, Areva et Toshiba.

Une très forte opposition

Dans un pays en proie à de violents conflits politiques, ce plan s'est heurté à une forte opposition après Fukushima. Un sondage réalisé en mars 2011 par l'université Assumption dans 17 provinces montre que 83 % des sondés y refusent la construction de centrales ; à Bangkok, ils sont plus de 95 %.

La prospection de sites a immédiatement suscité des manifestations résolues, qui ont rencontré un large écho médiatique. Dès novembre 2009, dans la province méridionale de Surat Thani, des centaines de protestataires ont violemment interrompu une réunion où l'EGAT entendait vanter un projet de centrale. En mars 2011, 2000 manifestants ont fait de même dans la province de Kalasin. Et les autorités locales qui soutiennent les projets de l'EGAT sont un peu partout accusées de corruption – une maladie chronique de la classe politique et de l'administration thaïlandaises.

Rétropédalage et « machine à faire accepter »

Rien d'étonnant si l'EGAT, auquel l'AIEA conseille la prudence, a préféré se donner du temps.

1- Electricity Generating Authority of Thailand.

En 2012, elle a annoncé que le début du choix des sites ne se ferait pas avant six ans, et la mise en service de la première centrale pas avant 2026 au plus tôt. Afin, entre autres, d'« améliorer la compréhension du public ».

Et donc, comme au Japon et au Vietnam, la « machine à faire accepter » le nucléaire s'est mise en route. Des journaux et magazines dédiés vantent les bienfaits de l'atome. Les enfants sont ciblés par des livres à colorier ainsi que des brochures spécialement conçues. Sur la couverture de l'une d'elles, sur un tapis d'herbe bien verte, deux enfants font une ronde joyeuse avec un atome jovial, genre Pokémon, coiffé d'une casquette au logo atomique. En fond, dans un ciel bleu radieux se dressent les cheminées roses d'une centrale… L'EGAT finance également des programmes radio et des pseudo-documentaires télévisés du même acabit. Sans oublier de quadriller aussi les réseaux sociaux.

En janvier 2012, le ministère de l'Energie a clairement expliqué sa stratégie à l'AIEA : « Durant ces trois années de report, l'accent doit être mis sur la communication au public. Les groupes-cibles comprennent les riverains, les femmes au foyer, les organismes politiques et économiques locaux, les groupes religieux et les médias. […] Les informations données ne doivent pas être compliquées et doivent utiliser un langage simple. » Les vedettes du petit écran et la publicité seront les vecteurs essentiels de communication, et l'expertise sera apportée par la France et le Japon, dont les techniques de propagande pronucléaire ont largement fait leurs preuves[1].

Cela suffira-t-il pour convaincre une population qui fait très peu confiance aux autorités ? Cela est difficile à dire, et d'autres pays d'Asie du Sud-Est ont montré que des mobilisations pouvaient bel et bien faire échec au nucléaire d'une manière probablement définitive.

C- Philippines. L'atome au musée

Les Philippines ont fait figure de précurseur en matière de nucléaire civil en Asie du Sud-Est. Pourtant, ce pourrait être l'un des pays où il ne pourra jamais être mis en œuvre, en raison d'une très forte opposition.

Acte I : la centrale du dictateur

Dans les années 1960, les Philippines étaient la deuxième économie d'Asie après le Japon. Le président dictateur Marcos (1965-1986) rêvait de prestige, et le nucléaire en était un élément. La construction de l'unique centrale du pays a débuté dès 1976 dans la province de Bataan. Elle est achevée en 1983, et le combustible livré en 1985.

Mais, en février 1986, Marcos est renversé et l'accident de Tchernobyl se produit. Corazon Aquino,

1- « Public communication program before and after Fukushima accident », Nuclear Power Program Development Office (NPPDO), Ministry of Energy, présentation à l'AIEA, 24 janvier 2012.

grande figure à la tête de l'opposition, devient présidente – une première pour une femme en Asie. Elle suspend la mise en route de la centrale. Selon un rapport du ministère des Finances, Bataan, symbole de l'orgueil démesuré du dictateur, aurait coûté plus de 3 milliards de dollars, dans un pays où près de la moitié de la population vit avec moins de 2 dollars par jour. Fin du premier acte.

Acte II : la résurrection manquée

Les opposants croient que la pièce est jouée. « Nous pensions en avoir fini, et nous nous sommes remobilisés sur d'autres thématiques, comme l'opposition aux bases américaines où des armes nucléaires étaient stockées », nous dit Corazon Valdez Fabros, universitaire et antinucléaire de la première heure qui dirige la Nuclear Free Philippines Coalition, évoquant pour nous le curieux destin de la centrale de Bataan.

Mais, en 2007, dans le même contexte qui pousse la même année le Vietnam à se lancer dans le nucléaire civil, le ministère de l'Energie philippin l'envisage lui aussi, afin de réduire la dépendance du pays au pétrole importé qui lui fournit près du tiers de son électricité. En 2008, un député dépose un projet de loi visant à mettre Bataan en service.

Le mouvement antinucléaire se réveille. Le fer de lance est Greenpeace South East Asia (GPSEA), dont le bureau se trouve à Manille. GPSEA fédère un réseau de 31 organisations baptisé NO to BNPP ![1]. La coalition de Mme Fabros, qui regroupe des scientifiques, des universitaires, des étudiants, mais aussi des paysans, des professionnels de santé, des prêtres, des syndicalistes et des avocats, en est un élément important. On trouve même dans NO to BPNP ! des pronucléaires opposés à Bataan, en raison du coût exorbitant que représenterait sa réhabilitation, qu'une commission gouvernementale a estimé supérieur à celui de la construction d'une nouvelle centrale.

Outre ce coût, un ancien consultant du ministère de l'Energie, passé à NO to BNPP !, multiplie les conférences à travers tout le pays pour dénoncer le risque de catastrophes naturelles, alors que Fukushima n'est pas encore passé par là. Les Philippines sont une terre de typhons, de tsunamis et de séismes. A proximité même de Bataan, la baie de Subic est située sur une faille sismique, et le mont Natib est un volcan actif...

Cette mobilisation réussit. Le projet de loi, dénoncé par 50 parlementaires dans une déclaration commune d'opposition au nucléaire, n'est finalement pas voté. En 2009, le conseil régional de Bataan se prononce à l'unanimité contre la mise en route de la centrale. A l'élection présidentielle de 2010, la plupart des candidats se prononcent contre toute relance du nucléaire.

1- Network Opposed to BNPP ! (BNPP : Bataan Nuclear Power Plant).

Acte III : la centrale-musée

Le ministère de l'Energie caresse encore son rêve nucléaire. « Chaque année, il se trouve un député pour remettre sur la table la question de Bataan », raconte, un brin amusée, Mme Fabros. A son sourire, on comprend qu'elle n'y croit pas. Après Fukushima, l'argument des risques naturels semble insurmontable. Aujourd'hui, le ministère songe à faire de la vieille centrale endormie un musée du nucléaire. Depuis 2012, des visites y ont été organisées pour expliquer aux jeunes générations les mystères de l'atome et de la technologie de l'énergie nucléaire. Un vieux rêve avorté.

D- Indonésie, Malaisie, Singapour
L'atome, non merci.

L'atome face au nouvel activisme des sociétés civiles

En Indonésie, le débat sur l'énergie nucléaire s'est amorcé dès 1970 mais n'a jamais abouti. En 1996, dans le contexte qui poussera deux ans plus tard l'ASEAN à encourager le développement du nucléaire dans la région, le gouvernement a annoncé son intention de construire une centrale sur le site de Muria, au centre de Java. L'idée est restée dans les tiroirs, officiellement à cause de la très grave crise financière qui frappe l'Asie en développement à partir de 1997, mais aussi sans doute en raison d'une forte opposition locale. Mais, en 2007, le projet réapparaît au moment même où le Vietnam et la Thaïlande se lancent eux aussi dans le nucléaire civil.

L'opposition est forte dans une société civile dont l'activisme a été réveillé par la chute du dictateur Soekarno en 1998 et n'a cessé de gagner en expérience dans les luttes pour la démocratie qui ont suivi, et dont l'élection de Joko Widodo à la présidence en 2014 peut être considérée comme l'aboutissement.

Le mouvement antinucléaire se structure autour de trois grandes organisations : WALHI (acronyme indonésien de Forum pour l'environnement en Indonésie), MANUSIA (acronyme indonésien de Pour une société indonésienne sans nucléaire, et qui signifie aussi « être humain ») et Greenpeace Indonesia. Leurs critiques visent d'abord le site de Muria, près du mont du même nom : c'est un volcan dont le réveil pourrait provoquer une catastrophe. Depuis Fukushima, de nombreux scientifiques insistent sur la similarité des risques géologiques entre le Japon et l'Indonésie, tous les deux situés sur la ceinture de feu du Pacifique. Comme au Bangladesh, les antinucléaires insistent aussi sur le manque de personnel formé pour prendre convenablement en charge une centrale livrée clés en main.

Pour contrer l'argument sur la dangerosité du site de Muria, le ministère de l'Energie l'a remplacé par l'île de Bangka, au sud de Sumatra. Sans succès : selon un sondage, 65 % des habitants de cette province y sont opposés. L'élection présidentielle de 2014 a sans doute porté un coup fatal au projet déjà bien mal parti. Dans une interview d'août 2014 au quotidien japonais *Mainichi Shimbun*, Joko Widodo a déclaré : « Il y a des options bien plus intéressantes à développer que le nucléaire. »

Il en est de même en Malaisie, où un vague projet de développement d'une filière nucléaire a été évoqué au milieu des années 2000. Sous l'effet de la (très relative) libéralisation politique engagée depuis 2008, qui a elle aussi réveillé l'activisme de la société civile, il a été battu en brèche par des opposants tout aussi organisés qu'aux Philippines et en Indonésie. L'option nucléaire n'a pas été officiellement abandonnée mais, dans le climat post-Fukushima, son report *sine die* pourrait bien être un enterrement.

Singapour : trop riches et trop sages pour le nucléaire ?

A défaut d'être une démocratie irréprochable, la cité-Etat de Singapour constitue un modèle de croissance, et ses citoyens sont les plus riches d'Asie par tête. Elle produit 80 % de son électricité avec du gaz naturel, dont le coût ne lui pose aucun problème.

Néanmoins, en 2010, les autorités ont exprimé l'intention d'explorer la voie du nucléaire. La fascination pour l'hypermodernité et le désir de prestige semblent avoir eu plus de place dans cette tentation que la rationalité économique. Les budgets étant potentiellement illimités, les projets les plus fantasques ont été imaginés, notamment la construction de petites centrales nucléaires *offshore*, voire sous-marines. Des projets sur lesquels ont planché sérieusement les Russes de Rosatom et les Français de la DCNS[1], spécialisée dans l'ingénierie sous-marine.

Mais Fukushima a suffi pour doucher d'un seul coup cet enthousiasme : avec presque 5,5 millions d'habitants entassés sur seulement 760 km^2, les conséquences du moindre accident seraient inimaginables. Singapour est bien trop riche pour se payer le luxe de risquer sa propre ruine et bien trop sophistiquée pour vouloir « se la jouer nucléaire », comme Marcos. Les autorités ont donc définitivement renoncé à l'atome dès 2012.

E- Bangladesh et Myanmar. L'atome du pauvre

Bangladesh : un héritage du programme pakistanais

Aussi surprenant que cela puisse paraître, le Bangladesh, l'un des Etats les plus pauvres du monde, périodiquement soumis à des catastrophes naturelles de grande ampleur et menacé par la montée des eaux consécutive au réchauffement climatique, s'apprête à construire sa première centrale nucléaire. A 160 km de Dacca, sur le site de Ruppur, sur la rive orientale du Gange. L'affaire est allée bon train. Un accord a été signé en 2011 avec le Russe Rosatom pour deux réacteurs de 1 200 MW chacun, la Russie a accordé un crédit de 500 millions de dollars, et des travaux sur le site ont été inaugurés en octobre 2013 par la Première ministre du pays et le président de Rosatom.

1- Direction des constructions navales et services.

Le projet remonte en réalité à 1961, quand le Bangladesh était encore une province du Pakistan. Le site de Ruppur avait été choisi par la junte militaire pakistanaise pour y installer un réacteur de recherche de 10 MW. Des terrains avaient même été acquis, et le projet officiellement approuvé en 1963. Mais les négociations engagées avec le Canada, la Suède et la Norvège avaient tourné court.

Devenu indépendant en 1971, le Bangladesh avait repris le projet en se tournant vers l'URSS, comme le fera aussi le Pakistan lâché par les Occidentaux, mais là encore sans succès : le pays n'avait ni le financement ni les personnels nécessaires.

Depuis le début des années 2000, le Bangladesh connaît une croissance régulière et voit ses besoins en électricité augmenter. Le gaz naturel lui fournissait près de 80 % de son électricité jusqu'alors, mais ses réserves s'épuisent. Les discussions ont repris en 2009 avec la Russie et ont abouti. Mais le contrat a été signé l'année même de Fukushima... Sans doute le président de la Commission de l'énergie atomique a-t-il déclaré avec une belle assurance que la centrale de Rupper serait capable, elle, de résister aux cyclones, inondations et séismes qui frappent régulièrement la région. Mais cela n'a pas suffi à rassurer les opposants. En 2013, dans une lettre ouverte au gouvernement de Dacca et à l'AIEA, 29 physiciens et experts nucléaires bangladeshis expatriés ont exprimé, outre leurs craintes concernant les risques naturels, leurs très vives inquiétudes sur quatre points.

Un quadruple danger ?

Les signataires rappellent d'abord que le site de Ruppur avait été choisi en 1961 pour un petit réacteur de 10 MW. Selon eux, le débit de la rivière près de laquelle la centrale sera située est insuffisant pour assurer le refroidissement d'un réacteur de 1 200 MW, et *a fortiori* de deux. En outre, le cours d'eau est coupé par un barrage indien à 40 km en amont du site de Ruppur.

Deuxième objection, les réacteurs de type VVER-1200 que Rosatom doit fournir seraient dépassés et présenteraient des risques de sécurité importants. De plus, leur prix affiché aurait été grossièrement sous-estimé pour rendre le projet acceptable : il n'est que de 2 milliards de dollars, alors que le coût de ceux qui sont actuellement construits en Chine atteint 4,5 milliards.

Enfin, le Bangladesh ne disposerait pas des personnels nécessaires pour gérer convenablement une installation aussi complexe qu'une centrale nucléaire. Même le directeur général de l'AIEA s'en est alarmé, en déclarant que le « Bangladesh manque de main-d'œuvre qualifiée ». En mai 2015, le Bangladesh a d'ailleurs demandé l'aide de l'Inde pour former les techniciens des futures centrales. Enfin, contrairement à ce que prétend le gouvernement, aucun accord n'aurait encore été trouvé avec la Russie pour la gestion des combustibles usés, dont même les pays développés les plus avancés ne savent que faire.

Même le Myanmar rêve d'atome…

Même le Myanmar, troisième pays le plus pauvre d'Asie, songe depuis quelques années à se doter de l'énergie atomique. Ici aussi, c'est Rosatom qui est à la manœuvre ; en 2007, il avait signé avec la junte militaire alors au pouvoir un contrat pour construire un réacteur expérimental de 10 MW, un laboratoire de fabrication d'isotopes médicaux et une installation de traitement des déchets. La junte était par ailleurs soupçonnée de recevoir une assistance de la Corée du Nord pour fabriquer une bombe.

Depuis les réformes démocratiques de 2011, la communauté internationale a un peu relâché sa méfiance. En 2015, les discussions sur le nucléaire civil ont repris avec Rosatom. Le régime insiste sur le caractère civil du programme et proteste de sa loyauté envers l'AIEA et le TNP. Mais des zones d'ombre subsistent : ainsi les ingénieurs birmans envoyés en Russie en 2010 pour s'initier à la technologie nucléaire y auraient aussi étudié celle des missiles.

L'arme nucléaire en Asie

Que tout ce qui vit
Se change en masses mortes
Au ciel et sur terre
A jamais s'anéantisse !
Cela me consolerait.

Takeo Takahashi, poète,
irradié à Hiroshima.

En août 1945, les bombardements d'Hiroshima et de Nagasaki ont révélé au monde la puissance terrifiante de l'arme atomique. Encore ne s'agissait-il que de la bombe A. En 1954, les Etats-Unis testent avec succès la bombe H, 700 fois plus puissante que celle d'Hiroshima. En 1961, l'URSS fait exploser une *Tsar Bomba* de 57 mégatonnes (3 125 fois Hiroshima). Sa boule de feu mesurait 7 km de diamètre et sa chaleur a été ressentie dans un rayon de 300 km. Et pourtant, on l'avait bridée pour réduire les risques : sa puissance potentielle était d'environ 100 mégatonnes.

Deux théories émergent alors. Selon les uns, la capacité terrifiante de l'arme atomique obligera les Etats à chercher des solutions diplomatiques à leurs conflits. Elle sera donc facteur de paix. Pour d'autres, le seul risque que l'espèce humaine soit désormais capable de s'annihiler est inacceptable. L'équilibre de la terreur met le monde tout au bord d'un gouffre dans lequel il suffirait d'un rien pour qu'il disparaisse.

En 1962, la crise des missiles à Cuba semble donner raison aux pessimistes. Les cinq grandes puissances nucléaires – Chine, Etats-Unis, France, Grande-Bretagne, URSS – réagissent en tentant d'arrêter la course à l'arme atomique, dans l'idée que le risque augmente avec le nombre de bombes. Signé en 1968, le traité de non-prolifération repose sur un donnant donnant : les Etats non nucléaires signataires s'engagent à ne pas développer la bombe et, en échange, les cinq puissances nucléaires ainsi confortées dans leur monopole partageront avec eux leur technologie nucléaire civile. L'AIEA est créée pour permettre l'application de ce traité et aider les pays signataires à se doter du nucléaire civil tout en contrôlant la non-prolifération.

A ce jour, 190 Etats ont signé le TNP. Mais il n'a pas empêché trois pays non signataires de se doter de l'arme atomique (Israël, Inde, Pakistan), tout comme la Corée du Nord, qui s'est retirée du traité en 2003. La prolifération est un fait accompli en Asie, qui compte désormais quatre puissances nucléaires, plus une virtuelle (le Japon).

Asie du Sud. La course à la bombe

J'espère que l'Inde utilisera l'énergie nucléaire à des fins constructives. Mais si l'Inde est menacée, elle se défendra par tous les moyens à sa disposition.

Jawaharlal Nehru, Premier ministre indien, 1946.

Si l'Inde construit la bombe,
nous mangerons de l'herbe s'il le faut,
mais nous aussi nous l'aurons.

Zulfikar Ali Bhutto, président du Pakistan, 1972.

A- La bombe, facteur de paix ? Le cas indo-pakistanais

Depuis la partition sanglante du sous-continent après l'accession de l'Inde britannique à l'indépendance, l'Inde et le Pakistan se sont affrontés dans quatre guerres ouvertes (1947-1949, 1965, 1971, 1999). C'est dans ce contexte que les deux pays sont devenus des puissances nucléaires, au mépris du TNP. Cela ne les a pas empêchés aujourd'hui d'être admis dans le « club des Cinq » en recevant en 2008 le blanc-seing des grandes puissances – dont certaines n'avaient d'ailleurs pas hésité à contourner le TNP pour aider leur protégé à se doter de la bombe (l'URSS en Inde, les Etats-Unis et la Chine au Pakistan).

Du *Smiling Buddha* aux 11 essais nucléaires de 1998

Officiellement, l'histoire du nucléaire militaire en Asie du Sud n'a commencé qu'en 1998, avec les essais nucléaires massifs réalisés par l'Inde et le Pakistan. En réalité, l'Inde a réalisé son premier essai dès 1974 dans le désert du Rajasthan. Joliment baptisé *Smiling Buddha*, cet essai est présenté comme une « explosion nucléaire pacifique », dont l'objectif serait purement scientifique. Mais ce discours trompe d'autant moins le Pakistan que New Dehli lance en même temps un programme de missiles balistiques. Le premier est testé en mai 1989. L'Inde dispose dès lors d'une capacité de frappe nucléaire complète.

Le Pakistan, à l'époque allié des Etats-Unis, alors que l'Inde est proche de Moscou, a en partie bénéficié de leur aide pour son programme nucléaire civil (voir p. 77). Mais en 1990, n'ayant encore testé aucun engin nucléaire, son statut de puissance nucléaire est encore douteux. On sait aujourd'hui que la Chine lui avait fourni plusieurs bombes atomiques en 1988, et qu'il avait procédé à un *cold test*[1]. On estime qu'en 1990 le Pakistan possédait entre trois et dix têtes nucléaires prêtes à l'emploi.

1- Test sans détonation, au cours duquel la masse critique (la quantité de matériel nucléaire permettant une réaction en chaîne) n'est pas atteinte. Alternative légale aux tests grandeur nature, ils sont aujourd'hui encore largement pratiqués par les Etats-Unis ou la Chine.

L'apparition de deux nouvelles puissances nucléaires devient officielle en mai 1998, lorsque, dans une inquiétante surenchère, l'Inde procède à cinq essais nucléaires et le Pakistan à six. L'échec du TNP devient flagrant. Du côté indien, derrière l'argument de la sécurité, la bombe semble relever au moins autant d'une volonté d'affirmer son prestige national et son statut de puissance régionale – comme c'est aujourd'hui le cas pour l'Iran. Le Pakistan est évidemment soucieux de préserver l'équilibre des forces avec son ennemi, mais il escompte aussi que la menace d'un conflit entre deux puissances nucléaires obligera la communauté internationale à s'entremettre dans la question brûlante du Cachemire, qui a déjà été le théâtre de trois guerres entre les deux voisins depuis 1947 sans qu'aucune solution ne soit en vue.

Quand deux puissances nucléaires s'affrontent (1999-2002)

Ce calcul de Karachi semble fonctionner quand, en février 1999, les Premiers ministres des deux pays se rencontrent à Lahore, deuxième ville du Pakistan, où le chef du gouvernement indien rend un hommage solennel au monument qui commémore l'appel à la création d'un Etat pakistanais, prélude à la sanglante partition du sous-continent. Il s'ensuit une déclaration où les deux pays affirment vouloir « intensifier leurs efforts pour résoudre les problèmes, y compris celui [du] Cachemire ».

Paradoxalement, trois mois plus tard, le Pakistan se lance dans la « guerre de Kargil » pour récupérer un glacier occupé par l'Inde en 1984. Ses stratèges escomptent que la peur d'un conflit nucléaire dissuadera l'Inde de risquer une guerre totale et surtout poussera les grandes puissances à s'entremettre dans l'affaire du Cachemire. Le calcul était peut-être bon, mais le Pakistan commet l'erreur de se laisser emporter par ses premiers succès militaires bien au-delà de ses objectifs initiaux, ce qui entraînera sa défaite.

L'affrontement des deux puissances nucléaires connaît un nouveau moment critique deux ans plus tard. En décembre 2001, alors que les attentats du 11 septembre ont mis à l'ordre du jour la « guerre contre le terrorisme », un attentat suicide contre le Parlement indien remet le feu aux poudres. New Dehli exige du Pakistan la dissolution de deux groupes islamistes et l'extradition d'une vingtaine de suspects. L'Inde appuie ces exigences en déployant ses troupes tout le long des 750 km de la ligne de contrôle, zone militarisée sous haute tension dans le Cachemire, et son aviation se prépare à frapper des camps d'islamistes au Pakistan. L'escalade prend fin quand Karachi, sous la pression de Washington, promet d'aider l'Inde à combattre le terrorisme et de traquer les islamistes sur son territoire.

Le cas indo-pakistanais a été largement débattu entre les tenants de la dangerosité des armes nucléaires et ceux de leur caractère dissuasif[1]. La

1- Notamment *via* le débat opposant Scott Sagan (pessimiste) à Kenneth Waltz (optimiste). Voir *The Spread of Nuclear Weapons. A Debate*, W. W. Norton, 1995.

possession de la bombe par les deux adversaires n'a pas empêché le conflit de prendre par moments un tour violent. A-t-elle joué dans le fait que ces épisodes ont été brefs et n'ont pas dérapé, notamment en poussant les grandes puissances à s'entremettre plus ou moins discrètement ? On peut en discuter, notamment en pensant à l'effet que pourrait avoir l'émergence d'un Iran doté de la bombe sur le théâtre moyen-oriental. Mais une chose est sûre : ces armes ont donné aux deux pays qui s'en sont dotés un statut que le « club des Cinq » n'a pas pu remettre en cause – et qu'il accepte aujourd'hui, au point que les Etats-Unis eux-mêmes aident désormais l'Inde à améliorer sa technologie nucléaire civile.

L'accord nucléaire indo-américain de 2008

L'accord indo-américain de 2008 autorise le transfert de technologie nucléaire civile et la vente d'uranium à l'Inde, bien qu'elle ait ouvertement ignoré le TNP. Il remet donc radicalement en cause les principes sur lesquels reposait le système mondial de non-prolifération. Il est intervenu à point nommé pour l'Inde qui, ne pouvant s'approvisionner que dans ses propres mines de Jaduguda (voir p. 176), commençait à être à court d'uranium. Il s'explique par le changement radical de la place de l'Inde sur l'échiquier géopolitique. Traditionnellement proche de l'URSS, puis de la Russie, la montée en puissance de la Chine en fait aujourd'hui aux yeux de Washington un allié essentiel pour endiguer l'influence du nouveau géant en Asie du Sud. D'où la décision prise par George W.

Bush. Cette décision a été par la suite entérinée par de multiples accords nucléaires bilatéraux avec l'Inde, dont un accord controversé avec le Japon signé fin 2015, qui permettra l'export de technologie nucléaire nippone.

Pour les défenseurs de l'accord de 2008, cette reconnaissance du fait accompli ne change pas grand-chose et permet d'ouvrir le très prometteur marché indien aux industriels occidentaux de l'atome. Ils arguent aussi que l'arsenal nucléaire indien ayant d'ores et déjà atteint la taille nécessaire à la sécurité du pays, il ne devrait pas proliférer.

Pour ses critiques, cet accord envoie un très mauvais signal aux autres pays qui cherchent à se doter de la bombe. Il sape la légitimité des sanctions prises depuis 1979 contre l'Iran, qui ne fait rien d'autre que ce qui a été pardonné à l'Inde. En outre, il aggrave le risque de prolifération à partir de l'arsenal indien. En effet, l'Inde a obtenu l'accès à un approvisionnement en uranium illimité. Elle a déjà signé des contrats avec l'Australie, la France, la Russie, le Japon et le Kazakhstan, et négocie avec la Mongolie, l'Argentine et la Namibie. Cela lui permettra de développer à la fois son ambitieux programme civil et un arsenal nucléaire de plus en plus diversifié (notamment des sous-marins), auquel serait réservée la production locale, abritée des aléas géopolitiques. Si l'Inde améliore ainsi son arsenal nucléaire, le risque est très important que le Pakistan et la Chine réagissent, entraînant toute la région dans une course accélérée aux armements nucléaires.

Le Pakistan a d'ailleurs immédiatement augmenté sa production d'uranium et de plutonium. Et l'on sait qu'il a été un acteur essentiel de la prolifération à l'échelle planétaire – au départ de la Corée du Nord et au profit, entre autres, de l'Iran, *via* le célèbre réseau d'Abdul Qadeer Khan.

B- Dr Khan, le grand maître de la prolifération

L'affaire Khan débute en 2003, avec l'interception du cargo *BBC China*, venant de Malaisie et en route pour la Libye. A bord, des matériaux nucléaires. Le colonel Kadhafi, qui cherche alors à se réconcilier avec l'Occident, livre le nom de son fournisseur : le Dr Abdul Qadeer Khan, père de la bombe pakistanaise et indéboulonnable patron du nucléaire de ce pays.

Abdul Qadeer Khan est né en 1935 à Bhopal, dans une famille musulmane de la classe moyenne. Au moment de la partition, les Khan choisissent de rester en Inde. Mais en 1952, les mauvais traitements infligés aux musulmans par les hindous poussent le jeune Abdul à rejoindre son frère, qui s'est réfugié à Karachi.

Diplômé de l'université de Karachi, il poursuit ses études d'ingénieur à Berlin-Ouest, aux Pays-Bas, puis en Belgique. Docteur en ingénierie métallurgique de l'université de Louvain (1972), il effectue un stage chez un sous-traitant d'Unrenco, un consortium germano-néerlandais-britannique qui construit des centrifugeuses. Ces machines permettent, entre autres, de produire de l'uranium enrichi de qualité militaire. Il sera accusé d'en avoir copié des plans au profit du Pakistan, mais acquitté en appel. Certains y ont vu un écran de fumée monté par les Etats-Unis pour masquer leur propre implication dans le programme nucléaire militaire pakistanais.

Après le test indien *Smiling Buddha* (1974), le Dr Khan écrit au président Bhutto pour insister sur la nécessité de doter le Pakistan de la bombe. Il est nommé directeur d'un centre de recherche et de production d'uranium enrichi près de Karachi, qui deviendra le Khan Research Laboratories. Afin de se procurer le matériel nécessaire, il tisse un réseau tentaculaire *via* des sociétés-écrans basées à Dubaï, où il s'installe. Commerciaux, experts et intermédiaires occidentaux défilent dans ses bureaux pour vendre discrètement au Pakistan des composants et de la technologie nucléaires. Même son ancien directeur de thèse à Louvain devient consultant pour le programme nucléaire militaire pakistanais... La porosité entre technologies civile et militaire entretient un flou commode autour de ce trafic.

L'accession du Pakistan au statut de puissance nucléaire et les tests de 1998 en font un héros national dans son pays. Il est désormais intouchable. Cela n'est peut-être pas étranger à sa mutation en trafiquant sans scrupules à la tête d'un immense marché noir du nucléaire.

De l'Iran à la Corée du Nord : un immense marché noir de l'atome

Dès 1987, celui qu'on surnomme parfois le « tsar du nucléaire » se rend en Iran, alors en pleine guerre contre l'Irak. Il y vend des plans de centrifugeuses, des dizaines de ces machines clés en main, et peut-être même des plans d'armes nucléaires[1]. Ce qui ne l'empêche pas de proposer également ses services à l'Irak de Saddam Hussein, qui décline l'offre. M. Khan est également à la manœuvre en Syrie, en Libye et en Corée du Nord, sans que l'on sache exactement ce qu'il y a vendu. Et peut-être même en Inde[2] !

En 2003, quand le colonel Kadhafi le « balance », M. Khan est conseiller spécial pour la technologie et la science du président pakistanais. Washington entre en fureur. En février 2004, à la télévision pakistanaise, le trafiquant confesse ses activités en Corée du Nord, en Iran et en Libye, s'excuse et en assume seul toute la responsabilité. De nombreux observateurs y voient une simple mise en scène destinée à calmer les Américains tout en coupant court à des investigations approfondies. Il semble difficile de croire que les autorités pakistanaises n'aient rien su des agissements du grand patron du nucléaire de leur pays. Mais les Américains, embourbés en Afghanistan, ont plus besoin que jamais du Pakistan : ils font donc semblant de croire à la version qu'on leur sert à Karachi.

1- Selon David Albright, inspecteur de l'AIEA en Iran de 1992 à 1997.

2- D'après Georges Perkovich, spécialiste de l'Asie du Sud et de la non-prolifération.

Le Dr Khan a été assigné à résidence avec interdiction de s'exprimer dans la presse et auprès de l'AIEA. Depuis 2009, il est libre de ses mouvements pour raisons de santé, mais reste muet sur ses activités passées. Ce qui arrange assurément beaucoup de gens – et pas seulement ceux qui ont été ses clients.

Corée du Nord. Des fous de l'atome pas si fous

Il est presque impossible de faire une analyse précise de ce qui se passe en Corée du Nord. Le nucléaire est partout un secret d'Etat ; mais dans un régime dictatorial coupé du monde, ce secret est impénétrable. Ce chapitre relève donc en grande partie de l'hypothèse. C'est le cas pour le niveau et la qualité de l'arsenal nucléaire de Pyongyang, mais aussi pour les motivations qui ont poussé la caste dirigeante militaire à s'en doter.

Sans cautionner si peu que ce soit les agissements des dirigeants nord-coréens, nous considérons ici que ce sont des acteurs rationnels : ils ne font pas « n'importe quoi ». La meilleure preuve en est la terrifiante efficacité avec laquelle ils gèrent leur système dictatorial et ont assuré leur propre survie. Et il n'y a rien d'irrationnel chez eux à vouloir posséder l'arme nucléaire, alors que les Etats-Unis ont été à deux doigts de l'utiliser contre eux pendant la terrible guerre de 1950-1953, et ont ensuite stocké en Corée du Sud des centaines d'ogives nucléaires (aujourd'hui retirées).

C'est donc « très rationnellement » que le régime nord-coréen s'est engagé dans la quête de la bombe dès les années 1950. Très rationnellement qu'il ne l'a pas menée à terme aussi longtemps qu'il a bénéficié de la protection soviétique. Très rationnellement encore qu'il s'y est remis quand la fin de la guerre froide l'a privé de cette protection, et qu'il l'a menée à bien en se retirant du TNP (2003), puis en procédant en 2006 à ses premiers essais. Non sans avoir, chemin faisant, très rationnellement essayé de négocier à haut prix l'abandon de son programme.

A- Six décennies de quête pour la bombe

Le traumatisme de la guerre de Corée

La volonté des dirigeants du Nord de posséder la bombe s'enracine dans l'hécatombe de la guerre de 1950-1953, qui aurait fait au moins 2 millions de morts, dont la moitié de civils[1]. D'avril 1951 jusqu'en 1953, le président Truman et le haut commandement militaire américain ont songé à utiliser des armes atomiques à divers moments et s'y sont préparés. Pour des raisons tactiques plus que morales, elles n'ont finalement jamais été utilisées. Mais la guerre n'en a pas moins été féroce.

1- Dans *The Korean War,* qui fait aujourd'hui référence sur le sujet, Bruce Cumings évoque « 4 millions de tués et blessés graves, dont la moitié de civils » (p. 35). Ce pourcentage de pertes civiles est supérieur à celui de la Seconde Guerre mondiale ou de la guerre du Vietnam.

A l'exception du fils et du petit-fils qui ont succédé au père de la patrie Kim Il-Sung à la tête du régime, la quasi-totalité de ceux qui y occupent encore les plus hautes fonctions ont fait cette guerre. Elle a laissé chez eux un traumatisme indéracinable, qui explique leur volonté de se doter de l'arme nucléaire, comme le Pakistan face à l'Inde après les horreurs de la partition. D'autant plus que les hostilités ne se sont arrêtées que sur un simple armistice, que la Corée du Sud refuse encore de signer à ce jour car elle ne reconnaît pas l'existence du Nord.

Dès 1956, Pyongyang a donc signé un accord avec Moscou pour l'assistance en matière de recherche nucléaire, puis un autre avec Pékin en 1959. Le premier s'est avéré le plus fécond. L'aide soviétique a permis de créer un centre de recherche nucléaire à Yongbyon, doté d'un petit réacteur (1965). Les scientifiques nord-coréens formés durant la construction de ce réacteur ne cesseront ensuite de l'améliorer. Au début des années 1980, ils seront capables de se doter d'un second réacteur, puis d'une usine de retraitement des combustibles usés afin d'en extraire le plutonium. Suivra un troisième réacteur de 200 MW sur le nouveau site de Taechon.

Un programme qui était négociable

Officiellement, ce programme est civil. En 1985, la Corée du Nord a même ratifié le TNP, sous la pression de Moscou qui lui avait promis quatre réacteurs nucléaires en échange. En 1992, Kim Il-Sung rencontre son homologue sud-coréen avec qui il signe une « déclaration commune pour la dénucléarisation de la péninsule coréenne ». La même année, Pyongyang accepte des inspections de l'AIEA. Celles-ci jettent le doute sur le caractère civil du programme nord-coréen, notamment parce que l'usine de retraitement de Yongbyon produit beaucoup plus de plutonium que ce qu'affirmaient les Nord-Coréens.

La Corée du Nord semble cependant faire preuve de bonne volonté, et les Etats-Unis se prêtent au jeu. En 1994, le président démocrate Jimmy Carter se rend à Pyongyang. Kim Il-Sung lui promet l'arrêt du programme nucléaire militaire en échange de la livraison de réacteurs civils américains. En signe de bonne volonté, Pyongyang arrête aussi le retraitement de son combustible usé, qui permet en théorie avec l'extraction du plutonium de fabriquer des bombes. Un accord est conclu sur ces bases mais, à Washington, il est bloqué au Congrès par les républicains.

Le « chantage du fou au fort »

Pendant huit ans, les dirigeants nord-coréens vont essayer d'obtenir l'application de cet accord. Mais le pays, privé de l'assistance économique soviétique depuis la disparition de l'URSS, s'enfonce dans des difficultés inextricables. Des famines à répétition provoquent une hécatombe dont l'ampleur fait encore débat mais qui se compte en centaines de milliers de morts. Cependant, le voisin-ennemi du Sud connaît une croissance continue et se démocratise. De plus en plus isolé, paranoïaque, le régime se replie sur lui-même et voit dans l'affirmation de son statut de puissance nucléaire sa meilleure chance de survie, voire la seule qui lui reste. Face aux critiques et aux sommations, Pyongyang se lance dans une stratégie baptisée par certains le « chantage du fou au fort ». En d'autres termes : « Retenez-moi ou je fais un malheur. »

Pourtant, même alors, les dés ne sont pas encore jetés. En 2000, la rencontre très amicale à Pyongyang entre Kim Jong-Il et le nouveau président sud-coréen Kim Dae-Jung, un ancien dissident issu de la lutte contre les Japonais, comme la dynastie Kim, laisse penser aux observateurs que la réconciliation entre les frères ennemis pourrait être proche.

Elle n'adviendra pas.

B- Années 2000 : des pourparlers aux essais

2003 : le retrait du TNP

En octobre 2002, désespérant d'obtenir des Etats-Unis l'application de l'accord de 1994, Pyongyang reconnaît officiellement pour la première fois qu'il entend se doter de l'arme atomique. Il expulse les quelques observateurs de l'AIEA qui étaient encore autorisés à visiter ses installations nucléaires et en fait enlever tous les systèmes de surveillance. Seuls les satellites espions permettent désormais d'estimer tant bien que mal l'avancement du programme nord-coréen. En janvier 2003, Pyongyang officialise son retrait du TNP et annonce reprendre le retraitement du combustible usé. D'après certains experts, cela lui aurait permis l'extraction d'environ 30 kg de plutonium, de quoi fabriquer six bombes comme celle qui avait été lancée sur Nagasaki.

Un autre élément qui a compté dans le choix fait par le régime de Pyongyang est le contact qu'il établit dans ces années-là avec le Dr Khan (voir p. 111). Ses dirigeants en arrivent sûrement à la conclusion que si le petit Pakistan a pu tenir le géant indien en respect grâce à l'arme nucléaire, la Corée pourra faire de même avec les Etats-Unis.

Ce coup de poker semble payer. Les Etats-Unis reviennent à la table des négociations, mais dans un cadre élargi qui inclut aussi la Chine, la Russie, la Corée du Sud et le Japon. Ces pourparlers s'avèrent rapidement sans issue.

2005 :
la bombe et les missiles

Le 10 février 2005, la Corée du Nord annonce officiellement qu'elle possède la bombe. Certains commentateurs n'y voient qu'un mensonge destiné à obtenir l'effet de la dissuasion nucléaire sans posséder l'arme. Néanmoins, les pourparlers à six accouchent à la hâte d'une déclaration de principes sur le programme nucléaire nord-coréen qui peut laisser croire que la crise est passée.

Ce n'est que du vent. A l'été 2006, sans avertissement, la Corée du Nord teste une série de missiles balistiques dans la mer du Japon, puis procède à un essai nucléaire souterrain. La condamnation unanime de la communauté internationale, Chine comprise, n'y change rien. Pyongyang a bel et bien démontré qu'il possède une capacité nucléaire peut-être rudimentaire, mais complète : bombe et vecteurs. Certains experts ont beau suggérer que l'explosion de 2006 aurait été un faux réalisé avec des explosifs conventionnels, le risque en matière nucléaire est tel que le moindre doute suffit à créer la dissuasion.

Le chaud (beaucoup) et le froid (un peu)

La Corée du Nord a dissipé le doute en procédant à deux autres essais en 2009 et 2013. Néanmoins, l'importance de son arsenal nucléaire reste sujette à controverses. Les estimations vont de neuf ogives à zéro, avec un certain consensus des experts à « au moins deux ». Pour sa part, le *SIPRI Yearbook 2015* en tient pour « six à huit ». On sait par ailleurs que le réacteur de Yongbyon permet en théorie de produire 6 kg de plutonium par an, l'équivalent d'une bombe atomique.

Pourtant, le régime de Pyongyang ne cesse d'alterner menaces et offres de conciliation. Après le test de 2006, il suspend l'extraction du plutonium et ne la reprendra qu'en 2015. Fin 2014, il a promis un autre essai nucléaire pour riposter à une résolution du Conseil de sécurité visant à saisir la Cour pénale internationale des violations des droits de l'homme, « sans égales dans le monde contemporain », commises par ses dirigeants.

Mais début 2015, il a promis de ne plus tester de bombe si, de leur côté, les Etats-Unis et la Corée du Sud mettaient un terme aux manœuvres militaires communes qu'ils effectuent chaque année aux frontières du Nord. Proposition rejetée…

C- Dans la tête de Kim Jong-Un : pourquoi la bombe ?

Une chose est claire : l'accession au pouvoir de Kim Jong-Un, qui a succédé en décembre 2011 à son père Kim Jong-Il et à son grand-père Kim Il-Sung, n'a rien changé à la stratégie du régime. On peut se demander pourquoi un jeune homme (28 ans quand il accède au pouvoir), éduqué en Suisse pendant peut-être une dizaine d'années et passionné par le monde féerique de Disney, a repris le flambeau nucléaire de ses prédécesseurs...

Pour comprendre, la stigmatisation simpliste du type « axe du Mal » n'est d'aucune utilité. Le meilleur moyen est sans doute d'essayer de voir le monde à travers les yeux des dirigeants nord-coréens – ce qui ne revient en aucune façon, répétons-le, à les exonérer de leurs crimes contre l'humanité.

La guerre d'indépendance continue dans les têtes

La Corée du Nord est un pays figé dans le temps. Pour la comprendre, il faut remonter jusqu'en 1932, quand une guérilla largement composée de communistes issus du nord de la péninsule engage le combat contre la colonisation japonaise en place depuis 1910. Kim Il-Sung est l'un de ses dirigeants. Nonobstant la démesure ridicule du culte qui lui est voué, il est bel et bien un héros national, et pas seulement pour les Coréens du Nord.

La mémoire qui structure encore aujourd'hui le régime nord-coréen est celle de cette lutte. Hormis les héritiers de Kim Il-Sung lui-même, presque tous ceux qui occupent les postes clés à Pyongyang y ont participé : en 2009, l'âge moyen des vingt plus hauts dignitaires du régime était de 75 ans. C'est là une source de légitimité essentielle : ces gérontes incarnent encore, au sens propre du terme, les quelque 200 000 guérilleros et civils morts dans la lutte pour l'indépendance contre l'occupant japonais.

En 1950, quand les nordistes traversent le 38e parallèle, ils se voient moins « communiser » le Sud que parachever ce combat pour l'indépendance de la Corée. Le parallèle n'est qu'une ligne tracée arbitrairement par les Américains et les Soviétiques en 1945. Le Sud est dirigé par un fantoche parachuté par les Etats-Unis, où il vient de vivre 35 ans. Son régime n'a rien de démocratique, et son administration compte nombre d'anciens collaborateurs des Japonais. Avant même le début de la guerre, plusieurs insurrections ont éclaté au Sud et ont été noyées dans le sang (80 000 civils tués sur l'île de Chenju en 1948).

Les nordistes rencontrent peu de résistance et prennent Séoul grâce à la mutinerie d'unités sud-coréennes favorables à l'unification. En un mois à peine, presque sans combats, ils arrivent au sud de la péninsule. Il faut l'intervention américaine pour les repousser jusqu'aux frontières de la RPC. Quand celle-ci intervient, MacArthur fait impitoyablement bombarder et napalmiser villes et villages dans les zones d'où les forces chinoises ont chassé les siennes. En trois ans, 635 000 tonnes de bombes et 32 557 tonnes de napalm sont larguées sur le nord de la Corée, soit plus que pendant toute la guerre du Pacifique (503 000 tonnes).

Le bilan est effroyable : au moins 2 millions de morts, dont probablement la moitié de civils. Et selon Bruce Cumings, dans l'état actuel des connaissances, « il n'y a aucune preuve que les nordistes aient massacré leurs ennemis en aussi grand nombre » que ne l'ont fait leurs adversaires[1].

On peut objecter que tout cela est de l'histoire ancienne. A ceci près que la majorité de ceux qui dirigent aujourd'hui à Pyongyang l'ont vécue et qu'ils ont aujourd'hui dans l'autre camp les descendants

1- Selon lui, 100 000 civils auraient été massacrés par les Sud-Coréens contre 30 000 au plus par les Nord-coréens.

directs de leurs anciens ennemis. En 2015, le Japon était dirigé par le petit-fils d'un homme qui avait été ministre dans l'Etat-fantoche du Manchukuo, « extension naturelle » de la péninsule colonisée, et qui avait été emprisonné en 1945 par les Américains (mais non jugé) comme criminel de guerre. Son vice-Premier ministre était l'héritier d'une famille qui a largement exploité les travailleurs forcés coréens. Et à Séoul, la présidente était la fille de Park Chung-Hee, collaborateur des Japonais avant d'être dictateur militaire et grand exterminateur de dissidents tous taxés de « communisme ».

Sous le signe de la bombe

Pendant la guerre de Corée, la bombe atomique a été une menace très réelle. Les forces américaines en avaient prépositionné à Okinawa et sur des bâtiments en mer de Chine. Selon Bruce Cumings, le président Truman (qui avait donné le feu vert aux bombardements d'Hiroshima et Nagasaki) aurait autorisé l'emploi de l'arme nucléaire en Corée en même temps qu'il démettait le général MacArthur, dont les ambitions présidentielles le contrariaient, de son commandement en chef ; l'ordre se serait perdu dans la confusion résultant de cette deuxième mesure. Robert Oppenheimer, le père de la bombe A, avait été chargé d'étudier sur place l'utilisation de petites armes nucléaires tactiques contre les troupes chinoises. Des B-29 s'entraînaient aussi à larguer de fausses bombes nucléaires sur Pyongyang : on peut imaginer les sueurs froides des chefs nord-coréens chaque fois qu'un bombardier américain apparaissait dans le ciel…

Il n'est pas interdit de penser que, pour ceux de ces combattants qui règnent encore aujourd'hui à Pyongyang, le fait d'avoir connu cette menace imminente de l'arme nucléaire peut contribuer à expliquer leur volonté de l'exorciser en s'en dotant. Tout comme le traumatisme d'Hiroshima peut aider à comprendre pourquoi les Japonais ont massivement soutenu les débuts du nucléaire civil.

De déception en déception

Il faut aussi tenir compte des déceptions que le régime nord-coréen a connues dans ses rapports avec les grandes puissances et qu'il voit comme autant de trahisons. Les centrales promises par l'URSS en échange de la signature du TNP par Pyongyang en 1986 n'ont jamais été livrées, et Moscou a mis brutalement fin à son aide économique sitôt l'URSS effondrée, ou presque. Pour leur part, les Etats-Unis n'ont jamais honoré l'accord de 1994, alors qu'on peut faire crédit à Kim Il-Sung d'avoir été prêt à abandonner l'option nucléaire militaire, notamment lorsqu'il a fait arrêter le retraitement des combustibles usés. Washington a aussi toujours refusé d'avoir des négociations de sécurité bilatérale avec Pyongyang. Enfin, après le 11 septembre 2001, et alors même que Kim Jong-Il et Kim Dae-Jung avaient engagé la péninsule dans la voie de la détente, George W. Bush a spectaculairement inclus la Corée du Nord dans son « axe du Mal » – ce qui, comme l'a prouvé la guerre en Irak, pouvait à juste titre s'interpréter comme la déclaration d'une forme de guerre dans laquelle tous les coups allaient être permis.

Quant à la Chine, unique et incertain soutien qui reste aux dirigeants nord-coréens, elle entend leur imposer des réformes inspirées de celles qu'elle a elle-même mises en œuvre avec le succès qu'on sait. Mais en Corée du Nord, elles signifieraient très probablement l'explosion du régime et la fin de ses dirigeants.

La fragilité des Kim

Il faut également tenir compte de la fragilité relative du pouvoir dynastique mis en place par Kim Il-Sung. Son fils Kim Jong-Il, qui lui a succédé de 1994 à 2011, aurait, paraît-il, préféré embrasser la carrière d'acteur de cinéma plutôt que celle de dictateur. Il n'avait pas la légitimité historique de son père. Pour survivre dans l'univers d'intrigues meurtrières qu'est toute dictature, il a tout misé sur l'armée. Son père affectionnait les costumes occidentaux et savait être affable ; lui arbore un uniforme rigide et un air dur. Et choisir la caste militaire comme unique soutien, c'est choisir la bombe. Aujourd'hui Kim Jong-Un, encore plus étranger au sérail des gérontes en uniforme qui tiennent le régime, se doit d'en rajouter, y compris dans la férocité – au risque d'en faire trop un jour et de ne pas y survivre. Ce qui peut sembler la meilleure chance, voire la seule, de rouvrir des négociations.

Mettons-nous à la place des hauts dignitaires nord-coréens. Nos ennemis d'hier n'ont pas changé ; leurs descendants directs sont au pouvoir à nos portes. Les Etats-Unis envahissent des pays souverains sous des prétextes fabriqués : hier l'Irak, nous demain ? Nous sommes seuls : même la Chine, notre sauveur, a tourné le dos à l'idéal communiste et nous presse de nous réformer. Mais desserrer si peu que ce soit le carcan sur notre société sera notre perte : nous finirons comme les Ceausescu… Seuls et sans porte de sortie, la bombe est notre assurance pour la vie. Ou le peu qui en reste à la plupart d'entre nous.

Et après nous le déluge !

CHINE / JAPON : LES JEUX DE LA DISSUASION

A- Chine. De la « guerre du peuple » à la guerre nucléaire

Si le développement du nucléaire civil en Chine est récent, les efforts pour se doter de l'arme atomique remontent, comme ceux de Pyongyang, à la guerre de Corée.

Les communistes chinois prennent le pouvoir en 1949, après deux décennies de lutte implacable contre les Japonais et les forces du Guomindang soutenues par les Américains. L'arme nucléaire n'est pas dans les gènes d'un parti dont la stratégie repose sur la « guerre populaire » mise en œuvre par Mao Zedong. L'Amérique a beau la posséder, c'est un « tigre de papier » : aucune bombe, fût-elle atomique, n'empêchera la victoire des peuples sur l'impérialisme et le capitalisme.

Dans un premier temps, l'histoire semble donner raison à Mao. En Corée, l'Armée populaire, aguerrie par la lutte contre les Japonais, repousse les Américains au-delà du 38e parallèle. Mais les pertes ont été terribles, et les stratèges chinois savent qu'ils ne sont pas passés loin d'une frappe nucléaire. Et en 1953, le vice-président Richard Nixon promet à Taiwan d'aider militairement le Guomindang à reconquérir la Chine ; c'est impossible par des moyens conventionnels, mais en 1954 l'US Navy déploie des bâtiments porteurs d'armes atomiques en mer de Chine.

Menace ou simple chantage ? En tout cas, les Chinois ont compris que, sur l'échiquier de la guerre froide, l'arme nucléaire est une pièce maîtresse. D'autant plus que l'URSS semble peu disposée à leur garantir la protection de son parapluie nucléaire. Le 15 janvier 1955, le Bureau politique du Parti communiste chinois décide donc de lancer un programme d'armement nucléaire. Il ne faudra que neuf ans à la Chine pour faire exploser une bombe A, et seulement trois de plus pour la bombe H.

Le grand bond en avant nucléaire

Deux raisons expliquent cette rapidité. La Chine dispose de scientifiques nucléaires de haut niveau formés aux Etats-Unis et en Europe, tel Qian

Sanqiang, qui a étudié à l'institut Curie et a dirigé l'équipe chargée de développer la bombe chinoise, avant de devenir directeur de l'Institut de recherche sur l'énergie atomique à l'Académie des sciences. Ils pourraient développer un engin 100 % *made in China*. Mais la Chine veut aller le plus vite possible. Dès 1955, deux accords sont signés avec l'URSS. L'un lui transfère la technologie pour extraire et enrichir l'uranium en échange de l'exploitation conjointe des mines chinoises. L'autre porte sur la construction d'un réacteur et d'un accélérateur de particules. Ils vont permettre à la RPC de brûler les étapes.

Cette lune de miel ne dure pas. En 1958, Moscou annonce vouloir parvenir à un accord de désarmement nucléaire avec les Etats-Unis et la Grande-Bretagne[1], tout en empêchant que d'autres pays se dotent de la bombe. En 1959, l'URSS suspend donc officiellement son assistance au programme chinois. La RPC comprend qu'elle doit compter sur ses propres forces.

Elle en a l'habitude. Le 16 octobre 1964, la Chine teste sa première bombe A, et sa première bombe H moins de trois ans plus tard. Jamais aucun pays n'avait réalisé aussi rapidement ce saut technologique. Il avait demandé neuf ans aux Etats-Unis.

Restent les vecteurs. Dès 1966, travaillant à partir du SS-2 soviétique, les Chinois développent le DF-2 *made in China*, capable d'emporter une tête nucléaire. Sa portée est encore limitée (1 250 km), mais le DF-5

1- La France n'entrera dans le club nucléaire qu'en 1960.

capable de frapper la côte ouest des Etats-Unis, dont la mise au point a été retardée par les troubles de la Révolution culturelle, sera opérationnel en 1981. En matière d'équilibre de la terreur nucléaire, la Chine joue désormais dans le camp des grands.

En 2015, la RPC possédait un arsenal de 260 têtes nucléaires. Leur nombre est stable (250 en 2014), mais la Chine a une politique de montée en gamme de son arsenal, notamment par l'amélioration des vecteurs. Elle travaille à améliorer le nombre et la furtivité de ses sous-marins lanceurs d'engins, et se dote de missiles à têtes multiples de nouvelle génération, dont les ogives suivent toutes des trajectoires différentes lorsqu'elles rentrent dans l'atmosphère, ce qui rend leur interception plus difficile. Mais, à la différence des Etats-Unis, de la Russie, du Royaume-Uni ou de la France, aucune de ces ogives n'est déployée, c'est-à-dire placée en permanence sur des missiles ou des sous-marins, en l'absence de crise ouverte. La Chine reste officiellement fidèle à sa doctrine défensive de « frappe en second ».

Du juste usage de la bombe : la doctrine chinoise

Dès son premier essai nucléaire, la Chine s'est engagée à « ne jamais être la première à utiliser l'arme nucléaire, à aucun moment et en aucune circonstance, et à ne pas l'utiliser ou menacer de l'utiliser contre les pays qui n'en disposent pas ou contre les zones dénucléarisées ». Elle entend n'en faire qu'une utilisation purement défensive. En 1994, elle a tenté d'imposer son concept en invitant les quatre autres puissances nucléaires à Pékin pour des discussions en vue d'aboutir à un traité sur le non-emploi de la force en premier (*no first use*). Ce projet n'a cependant guère avancé depuis, et la prolifération le rend de plus en plus difficile.

En matière de désarmement nucléaire, la position chinoise repose sur un constat : les Etats-Unis possèdent 7 260 têtes nucléaires et la Russie 7 500, et la RPC seulement 260 (2015). C'est donc aux deux superpuissances de s'engager les premières sur la voie du désarmement, ce qu'elles rechignent à faire. Mais la Chine a bien compris que, aujourd'hui, les affrontements internationaux ont radicalement changé de nature par rapport à ceux de la guerre froide. Leur caractère asymétrique réduit considérablement l'utilité des armes nucléaires, à défaut de les rendre tout à fait obsolètes. Pékin s'est donc engagé à un désarmement nucléaire total, à condition que les deux superpuissances nucléaires réduisent leur arsenal à moins de 1 000 têtes. Pour l'heure, elles en sont encore loin.

En matière de non-prolifération, Pékin a longtemps considéré que le TNP ne visait qu'à préserver le monopole nucléaire des deux superpuissances. Mais la RPC a été contrainte d'évoluer à partir du moment où, cherchant à développer son nucléaire civil, elle a eu besoin de coopérations extérieures, y compris celle des Etats-Unis. Ces derniers y ont mis pour condition que la RPC devienne membre de l'AIEA, ce qu'elle a fait dès 1984. Il lui a fallu encore huit ans pour consentir à signer le TNP (1992). Elle s'y positionne depuis comme l'avocat des pays signataires non nucléaires qui veulent se doter de la technologie civile et avec lesquels les autres grandes puissances se montrent tatillonnes, à commencer par l'Iran.

B- Le Japon, puissance nucléaire virtuelle

La possibilité d'une bombe

Evoquer le Japon à propos du nucléaire militaire peut surprendre. Ne commémore-t-il pas chaque année, à grand renfort de discours pacifistes, l'anniversaire des deux bombardements atomiques qu'il a subis ? Et son gouvernement n'a-t-il pas énoncé en 1967 les « trois principes non nucléaires », qui lui interdisent de produire, d'utiliser ou de laisser entrer sur son territoire des armes nucléaires ?

Pourtant, dès les années 1970, l'ampleur du programme nucléaire civil du Japon laisse penser à certains auteurs occidentaux qu'il n'aurait guère de difficultés à se doter de la bombe. Cette idée est soutenue par le futurologue Herman Kahn dans *L'Ascension japonaise* (1971) et par le politologue John Endicott dans *Japan's Nuclear Option* (1975). Elle revient à la mode au début des années 1990, portée par la vague du *Japan bashing*[1]. Dans son thriller de fiction géopolitique *Dette d'honneur* (1994), Tom

1- *Japan bashing*. En réaction aux succès économiques japonais qui semblent menacer la suprématie de l'Occident, une vague de critiques s'élèvent contre l'Archipel. Un exemple en est la Première ministre française Edith Cresson, traitant les Japonais de « fourmis ».

Clancy imagine que la CIA découvre un peu tard qu'un programme secret a permis à des Japonais revanchards de se doter de missiles nucléaires.

Les Japonais eux-mêmes donnent prise à ces spéculations. Dès 1970, le ministre de la Défense Yasuhiro Nakasone a soutenu que son pays pouvait se doter de « petites armes nucléaires à usage défensif », et il est Premier ministre de 1982 à 1987. En 1994, l'Agence japonaise de développement spatial a testé avec succès son premier lanceur H-II ; dès lors qu'elle maîtrise ainsi la phase délicate du retour dans l'atmosphère, elle peut assez facilement développer un missile balistique intercontinental. La même année, le Premier ministre Tsutomu Hata affirme, en répondant à une question au Parlement : « Il est certain que le Japon est capable de se doter de l'arme nucléaire, mais nous ne l'avons pas fabriquée. »

Fukushima et les théories du complot

Tout étant bon pour vendre du papier, le fantasme d'un Japon fabriquant la bombe en secret a été recyclé dès le lendemain du 11 mars 2011. Tour de force éditorial : moins de deux mois après la catastrophe, dans *Fukushima : l'apocalypse et après ?*, Christophe Sabouret, ingénieur d'études au CNRS, affirme que le réacteur n° 4 de la centrale, officiellement à l'arrêt au moment du séisme, était en réalité en fonctionnement pour fabriquer une bombe. Sur France Inter, l'auteur affirme : « On a tout lieu de penser qu'il [ce réacteur] servait à autre chose qu'à faire de l'électricité. On a tout lieu de penser qu'un programme militaire est en marche[1]. » Mais il ne donne aucun argument à l'appui de ces affirmations, sinon le fait que, « à la fin de 1944, les Japonais étaient sur le point de découvrir la bombe atomique ».

L'auteur a en fait repris – sans le citer, évoquant seulement un « journaliste japonais installé à l'étranger » – un article de Yoichi Clark Shimatsu, un journaliste installé à Hong Kong[2]. La crédibilité de M. Shimatsu se mesure au fait qu'il publie principalement sur le site du conspirationniste Jeff Rense, où se mélangent théories du complot sur le 11-Septembre, élucubrations antisémites sur les Protocoles des Sages de Sion, dossiers sur les OVNIs et écrits négationnistes de tout poil.

A propos de Fukushima, M. Shimatsu affirme que l'incendie du bâtiment du réacteur n° 4 était trop important pour provenir du combustible usé stocké dans la piscine de refroidissement. Selon lui, l'incendie ne s'explique que si « le réacteur était en marche pour autre chose que la production d'électricité » – et le fin limier sait pourquoi : « Pour enrichir de l'uranium [*sic*], première étape vers la confection d'une bombe nucléaire[3]. »

1- Assertion entendue par l'auteur et réitérée sur RFI.

2- « Is Japan's elite hiding a weapons program inside nuclear plants? », *New America Media*, 6 avril 2011.

3- *The omission [of the Unit-4] from the list of electricity-generating operations raises the question of whether Unit 4 was being used to enrich uranium, the first step of the process leading to extraction of weapons-grade fissionable material*, dans Yoichi Shimatsu, « Is Japan's Elite... », art. cité.

Pour fabriquer une bombe, il faut soit de l'uranium 235, produit par enrichissement avec des centrifugeuses dans une usine *ad hoc*, soit du plutonium 239, produit par fission dans un réacteur nucléaire et extrait par retraitement du combustible usé. C'est pour cela que le programme iranien a suscité tant d'inquiétude et que les antinucléaires dénoncent le risque de prolifération que créent la multiplication des centrales civiles et l'augmentation concomitante du stock de plutonium issu du retraitement du combustible.

Il est vrai que la cause de l'incendie du bâtiment du réacteur n° 4 n'est pas claire. Mais M. Shimatsu se prend les pieds dans le tapis quand il parle d'un réacteur de centrale électrique qui servirait à « enrichir de l'uranium ». Un réacteur ne peut pas plus « enrichir » quoi que ce soit que transmuter le plomb en or. En outre, le Japon possède déjà très officiellement assez de plutonium pour produire plusieurs milliers de bombes. A quoi lui servirait-il donc de faire fonctionner en cachette un réacteur pour en produire encore ?

Entre mythe et réalité : le Japon et la bombe

Nonobstant les délires conspirationnistes, la question du nucléaire militaire au Japon mérite pourtant d'être (bien) posée.

D'après l'auteur de *Fukushima : l'apocalypse et après ?,* en 1944 les Japonais étaient « sur le point de fabriquer » la bombe. Cette assertion est une vieille lune, dont la fonction première pourrait avoir été de justifier *a posteriori* les frappes nucléaires sur le Japon.

On la trouve dès 1946 dans l'*Atlanta Constitution*, citant un mystérieux « officier de renseignements » selon lequel un essai nucléaire aurait eu lieu six jours après Hiroshima sur le site du complexe pétrochimique d'Hungnam (aujourd'hui en Corée du Nord), où les Japonais produisaient des engrais, et accessoirement de l'eau lourde. Mais si l'eau lourde a bien quelque chose à voir avec le nucléaire[1], Walter Grunden, qui a démonté minutieusement ce mythe, montre que les physiciens japonais n'envisageaient pas cette option pour parvenir à une réaction en chaîne.

Au Japon même, des recherches sur l'arme atomique étaient menées par l'institut Riken. Mais si ce dernier possédait deux cyclotrons, il n'a jamais pu se doter d'une unité d'enrichissement d'uranium. Et pour cause : son budget pour les recherches sur la bombe ne dépassait pas le million de dollars, alors que le projet Manhattan en a coûté près de deux milliards. Et sa petite équipe ne faisait pas le poids face au bataillon des meilleurs scientifiques du monde mobilisés par les Américains.

Nous avons vu comment les Etats-Unis ont aidé l'Archipel à se lancer dans le nucléaire civil

1- En ralentissant les neutrons issus de la fission nucléaire, elle accroît les chances de parvenir à une réaction en chaîne (ou « démarrage » du réacteur).

et comment la cheville ouvrière de ce programme, M. Nakasone, n'écartait pas l'idée d'une bombe japonaise. A la même époque, un rapport confidentiel du ministère des Affaires étrangères préconisait que l'Archipel se prépare à toute éventualité en acquérant la capacité de produire une arme nucléaire sans toutefois la fabriquer. En 1994, cette capacité était acquise, à en croire le Premier ministre Hata.

Vers la bombe, à pas de velours

Pour y parvenir sans attirer l'attention de l'AIEA, les autorités concernées ont adopté une stratégie consistant à disséminer la recherche et la production de composants de l'arme nucléaire dans diverses branches du programme civil. Cela permettait aussi de dissimuler dans diverses lignes budgétaires d'apparence inoffensive les dépenses liées à ce programme, qui auraient soulevé un typhon politique si des parlementaires d'opposition les avaient repérées.

Aucun typhon ne s'est produit. Tout au plus un petit coup de vent quand les experts de l'AIEA ont découvert, en 2014, que les rapports remis par le Japon les deux années précédentes avaient omis de mentionner un stock de 640 kg de plutonium, suffisant pour fabriquer 80 bombes. Mais Tôkyô a pu plaider l'oubli mineur en arguant que les stocks japonais provenant du retraitement du combustible usé et dûment déclarés – 47 tonnes, soit presque autant que ceux des Etats-Unis (49 tonnes) et de la Russie

(52 tonnes) – permettent de toute façon de produire plusieurs milliers de bombes. A quoi bon donc en dissimuler pour si peu ?

Le Japon assurait vouloir mettre ce plutonium à bon usage civil dans les combustibles MOX[1]. Mais seuls cinq des 43 réacteurs nippons qui peuvent être éventuellement redémarrés aujourd'hui seraient capables de fonctionner avec du MOX. En outre, un réacteur au MOX met un an pour éliminer 500 kg de plutonium. Et pendant ce temps, les réacteurs standard continuent d'en produire beaucoup plus… On peut comprendre une certaine inquiétude, notamment du côté de Pékin.

De puissance virtuelle à puissance réelle ?

Au pays d'Hiroshima, l'arme nucléaire constitue un tabou qu'il serait politiquement très périlleux de chercher à lever. Mais le Japon possède tout ce qu'il faut pour s'en doter en très peu de temps. Le seul fait de pouvoir faire peser cette menace lui donne le statut inédit de « puissance virtuellement nucléaire ». En quelque sorte, les avantages de la dissuasion tout en préservant son image valorisante de pays pacifiste.

1- *Mixed OXyde* : ce combustible est composé à 7 % de plutonium et à 93 % d'uranium appauvri, tiré du retraitement du combustible usagé, auquel il donne ainsi une nouvelle vie. En cas d'accident, il fond plus rapidement qu'un combustible classique et dégage du plutonium, l'élément radioactif le plus dangereux. Le réacteur n° 3 de Fukushima était chargé au MOX.

Toutefois, depuis que le grand retour de la puissance chinoise sur la scène internationale exacerbe les tensions régionales, mais aussi entre les deux rives du Pacifique, il n'est plus inconcevable que Tôkyô soit un jour tenté de sauter le pas. Il est très probable que les Etats-Unis s'y opposeraient, afin de garder le Japon sous leur coupe. L'image de l'Archipel dans le monde en serait irrémédiablement dégradée. Mais la meilleure raison pour ne pas le faire est peut-être la moindre utilité des armes nucléaires en l'état actuel de la scène mondiale, que nous avons évoquée à propos de la Chine.

Cette dernière raison pourrait aussi donner sa chance à l'idée d'une Asie qui se déclarerait zone exempte d'arme nucléaire (ZEAN).

*

* *

Face à la prolifération des armes nucléaires, des concepts nouveaux sont apparus, fortement inspirés du discours officiel d'opposition aux armes nucléaires du Japon de l'après-guerre. Le concept de zone exempte d'arme nucléaire (ZEAN) est reconnu comme tel par les Nations unies, depuis 1975. Une ZEAN rassemble un groupe d'Etats qui s'interdisent par traité la production, la possession et l'utilisation d'armes nucléaires. Ceci implique la délimitation précise de cette zone et un dispositif international de contrôle qui n'existent pas à ce jour.

Ce concept n'a assurément aucune chance en Asie du Sud : la possession de la bombe par le Pakistan et l'Inde, qui y voient tous deux une garantie de sécurité irremplaçable et un élément de statut qui fait leur fierté, est désormais entérinée par la communauté internationale. Dans un contexte de tensions régionales croissantes, il en est de même en Asie du Nord-Est : la Chine et la Corée du Nord, pleines de méfiance envers les Etats-Unis, ne sont pas près d'abandonner leurs arsenaux nucléaires, et Séoul comme Tôkyô tiennent absolument à garder ouvert le parapluie nucléaire américain qui les protège.

En revanche, en Asie du Sud-Est, depuis 1995, le traité de Bangkok fait de l'ASEAN une « zone de paix, de liberté et de neutralité » dans laquelle les dispositions de la ZEAN sont en vigueur. Tous les Etats de l'ASEAN se refusent à « développer, fabriquer, acquérir, posséder ou contrôler des armes nucléaires ; entreposer ou transporter des armes nucléaires de quelque manière que ce soit ; tester ou utiliser des armes nucléaires ». Pour l'instant, ces principes semblent respectés par tous les signataires du traité, à l'exception peut-être du Myanmar. Mais aucune des puissances nucléaires – en particulier la Chine, les Etats-Unis, mais aussi l'Inde – n'a signé ce texte qui pourrait restreindre leurs options dans une région dont la modification des équilibres géostratégiques planétaires accroît le poids.

Le mouvement antinucléaire en Asie

Japon. Le redémarrage, malgré tout

Suite à la catastrophe de Fukushima, le Japon a vécu pendant plus de trois ans « en état de sortie du nucléaire », après l'arrêt progressif de ses 54 réacteurs. Deux ont redémarré en 2015, et d'autres devraient suivre, à l'exception probable d'une dizaine d'entre eux jugés obsolètes ou trop dangereusement situés. Non sans difficultés, parions-le, tant le mouvement antinucléaire, si longtemps réduit à presque rien face à la puissance politique et financière du « village nucléaire », et presque inaudible face à son inlassable machine à propagande, a été redynamisé par la catastrophe de Fukushima.

A- La « révolution des Hortensias »

29 juin 2012

Tôkyô, Kasumigaseki, le quartier du Parlement et des grands ministères.

A la sortie du métro Kokkaigijidomae[1], il faut un bon quart d'heure et un certain courage pour se frayer un passage et rejoindre le rassemblement antinucléaire. Sur les trottoirs, de part et d'autre de l'avenue où est situé le Kantei, la résidence du Premier ministre, des dizaines de milliers de personnes sont massées face à un impressionnant dispositif policier qui tente de les empêcher d'envahir la chaussée.

Ce sont des Japonais de tous âges, de toutes conditions. Des employés de bureau, des mères avec leurs enfants, des personnes âgées, des étudiants hilares… Les organisations d'extrême gauche, que l'on croyait disparues depuis quatre décennies, sont aussi de sortie, à l'image des dizaines de militants de la Zengakuren[2], casqués et masqués, alignés au cordeau le long du trottoir. Un punk brandit une immense pancarte avec ces mots, *Fukushima wo kaese* : *Rendez-nous Fukushima.*

Ce rassemblement, d'une ampleur inédite depuis 1960, fait figure de vaste kermesse. Mais la colère aussi se fait entendre. Les cris de *saikadô hantai* (« non au redémarrage [des réacteurs] ») répétés à l'infini résonnent comme un sutra bouddhiste. La tension monte peu à peu, à mesure que d'autres manifestants arrivent par centaines. La foule commence à pousser les cordons de police, timidement d'abord, puis résolument.

1- « Devant le Parlement ».

2- La Fédération des associations étudiantes autogérées, qui a connu son heure de gloire entre 1960 et 1968, et dont les manifestations violentes ont en partie inspiré le « Mai 1968 » français.

Tout à coup, tout vole, les plots, les barrières. La foule envahit l'avenue et avance dans le calme vers la résidence du Premier ministre, comme surprise de sa propre audace, sous le regard stupéfait des policiers, mais aussi des organisateurs qui s'époumonent à crier qu'on reste sur les trottoirs mais que plus personne n'écoute. A quelques dizaines de mètres du Kantei, un barrage de cars de police pare-chocs contre pare-chocs réussit finalement à stopper les manifestants.

Pendant plusieurs heures, sur l'avenue bloquée, c'est une succession de harangues antinucléaires et d'informations sur les actions en cours. Devant le barrage de police, un groupe d'anarchistes brandissent d'immenses drapeaux noirs. Un jeune en sort et lance une pierre, qui rebondit mollement sur la vitre d'un des cars. Les choses n'iront pas plus loin. Et le lendemain, malgré l'ampleur de la manifestation tout à fait exceptionnelle pour le Japon, deux réacteurs seront remis en route dans la préfecture de Fukui[1]. Mais l'essentiel n'est pas là. Car le Japon, avec ce rassemblement de 150 000 personnes, vient de connaître la plus grande manifestation de son histoire depuis près d'un demi-siècle.

Oui, les Japonais manifestent !

Cela n'étonnera que ceux qui croient savoir que la culture des Japonais les empêche de contester

1- Mais rapidement réarrêtés pour être mis aux nouvelles normes de sécurité imposées par la nouvelle Agence de sécurité nucléaire.

l'autorité de quelque manière que ce soit. Ainsi le correspondant en Asie de France 2, Alain de Chalvron, déclarant le 14 mars 2011 : « Au Japon, on ne sort pas dans la rue, on ne manifeste pas. » Certains Japonais soutiennent d'ailleurs la même idée, comme l'écrivain Hideo Furukawa, originaire de Fukushima et antinucléaire du genre passéiste, qui, interrogé sur France Culture, voyait dans les manifestations un mode d'action inadapté à son pays, « car il est d'origine occidentale », et taclait au passage le prix Nobel de littérature Kenzaburô Ôe, une des grandes figures de la contestation après Fukushima mais dénoncé lui aussi comme « occidentalisé ».

Cette vision arrange au mieux les autorités, mais elle est fausse. Pendant des siècles, de gigantesques jacqueries ont régulièrement mis des provinces entières de l'Archipel à feu et à sang. Après 1945, le compromis social fondé sur la sécurité de l'emploi et une juste répartition des fruits de la croissance, qui a permis le « miracle japonais », a été obtenu au terme de quinze années de luttes sociales acharnées. Le Premier ministre Nobusuke Kishi, dont le très pronucléaire petit-fils Shinzô Abe dirige le Japon depuis 2012, a dû démissionner en 1960 après deux années de grèves et de manifestations de masse contre le traité de sécurité avec les Etats-Unis. Le « Mai 68 » nippon a été l'un des plus violents et des plus longs du monde… Non, le mouvement antinucléaire n'a pas surgi comme par magie des fumerolles radioactives de la centrale éventrée.

B- Les racines du mouvement antinucléaire

Le mouvement antinucléaire japonais n'est pas né avec Hiroshima. Au lendemain de la guerre, l'heure était à la survie, et jusqu'en 1952 les autorités d'occupation ont censuré toute information sur les bombardements. Il a fallu attendre 1954 et l'irradiation du *Daigo Fukuryû Maru* pour que la mobilisation se fasse. Elle s'est structurée autour de trois organisations liées aux grands partis politiques, qui s'en servaient essentiellement à des fins de mobilisation électorale.

Un mouvement repris aux partis par la société civile...

Il faut attendre les années 1970 pour qu'émerge un mouvement antinucléaire issu de la société civile contre la construction des centrales. Ses figures de proue sont des scientifiques spécialistes du nucléaire. La principale organisation est le Citizen's Nuclear Information Center (CNIC), créé en 1975 par le professeur Jinzaburô Takagi. Aujourd'hui, une des stars du mouvement est le professeur Hiroaki Koide, de l'Institut de recherche sur le nucléaire de l'université de Kyôto, qui multiplie les conférences depuis le 11 mars.

Les accidents de Three Mile Island (1979) et de Tchernobyl (1986) dynamisent le mouvement. En 1988, plus de 20 000 antinucléaires défilent à Tôkyô. Les luttes locales se multiplient contre les projets de centrales et autres infrastructures. En 1985, dans la préfecture d'Aomori, près de 100 000 pétitionnaires demandent la tenue d'un référendum local sur le projet de l'usine de retraitement de Rokkasho. Le gouverneur la reçoit en déclarant gravement qu'il « a entendu la parole des paysans »... et donne aussitôt son feu vert au projet, le 9 avril. Depuis, chaque année à cette date, les antinucléaires d'Aomori organisent une Journée antinucléaire.

Dans les rues d'Aomori, les manifestations rassemblent des milliers de personnes, parfois sur leurs tracteurs. En mer, les pêcheurs les plus résolus essayent de bloquer l'arrivée du MOX venu de La Hague. En vain : Aomori est trop pauvre pour résister aux promesses d'emplois et de subventions. L'usine est mise en marche en 2008 – et presque aussitôt arrêtée par un « incident » survenu dans la zone de vitrification des déchets hautement radioactifs. Cet éléphant blanc au coût exorbitant n'a pas été remis en marche depuis et pourrait bien ne jamais l'être.

En 1996, les habitants de la petite ville de Maki, dans la très conservatrice région rurale de Niigata, obtiennent, eux, la tenue d'un référendum et rejettent la construction d'une centrale. A partir de ce moment, la menace d'autres référendums partout où existent des projets de construction empêche que l'accroissement du parc nucléaire se fasse autrement que par extension des sites déjà existants. Une succession d'accidents font apparaître des dissimulations de la part des compagnies d'électricité. Certains gouverneurs, dont celui de Fukushima, osent désormais faire écho aux réticences de leurs électeurs, notamment en n'autorisant pas le chargement du MOX dans les réacteurs de leur région.

… mais surclassé par la puissance du « village nucléaire »

Ces oppositions ont sérieusement ralenti le programme nucléaire. L'ambition de fournir 50 % de l'électricité du pays en 2000 est réduite à seulement 40 % en 2030. Mais les très puissantes compagnies d'électricité, main dans la main avec l'administration et la plupart des partis politiques, utilisent à plein leur puissance financière pour contrôler les pouvoirs locaux et la quasi-totalité des médias. Face à eux, les antinucléaires ne sont pas de taille. A la veille de Fukushima, de l'avis même des militants, le mouvement était très faible.

C- Après Fukushima : restructuration et revitalisation

Des mouvements traditionnels inaudibles

Dans les premiers jours après le 11 mars, alors que s'enchaînent les épisodes de la catastrophe, les antinucléaires traditionnels semblent dépassés par les événements. Seul le CNIC réussit à se faire un peu entendre. Encore lui faut-il pour cela organiser des conférences de presse au Club des correspondants étrangers du Japon, et qu'elles soient retransmises en direct sur Internet. Il dispose aussi d'un permanent australien qui diffuse aux médias étrangers des informations quotidiennes et des communiqués de presse en anglais.

Dans ce contexte de quasi-black-out médiatique, les premières manifestations antinucléaires organisées en mars dans les grandes villes ne rassemblent que quelques centaines de personnes. Outre leur image désuète et une stratégie très timide d'occupation de l'espace public, les mouvements traditionnels maîtrisent mal les nouveaux moyens de communication : en 2009, j'avais pu constater que certains militants ignoraient les outils informatiques de base et utilisaient encore colle et ciseaux pour mettre en pages leur journal. Face à l'ampleur du drame, il règne aussi le sentiment que « ce n'est pas le moment ». Pour leur première « grande manifestation » à Tôkyô, le 10 avril, les antinucléaires historiques peinent à réunir 2500 personnes dans le petit parc de Shiba.

La Révolte des amateurs et Sayonara Genpatsu

Le même jour cependant, 10000 autres manifestants défilent dans le quartier bohème de Kôenji, à l'ouest de Shinjuku, à l'appel d'un jeune activiste, Hajime Matsumoto. M. Matsumoto est l'un des fondateurs de Shirôto no ran (la Révolte des amateurs), un mouvement créé en 2005 pour lutter contre la montée de la précarité dans la société japonaise. Beaucoup de ceux qui défilent à Kôenji descendent dans la rue pour la première fois de leur vie et ont été mobilisés par les réseaux sociaux. C'est la véritable ouverture des hostilités contre le « village nucléaire ».

Fort de ce succès, les antinucléaires réitèrent leurs rassemblements sous forme de journées nationales quasi mensuelles. En mai, juin, août et septembre 2011, ces manifestations rassemblent chaque fois des dizaines de milliers de personnes. Le mouvement se structure peu à peu autour du réseau Sayonara Genpatsu (Adieu, les centrales nucléaires). Il rassemble les antinucléaires historiques comme le CNIC et Green Action, des syndicats minoritaires mais aussi certaines fédérations de la centrale géante Rengô (dont celle des fonctionnaires territoriaux, forte de 830 000 adhérents), bien que celle-ci reste pronucléaire au niveau fédéral ; ainsi que de très petites formations de gauche, comme le Parti social-démocrate (ex-socialiste) et le Nouveau parti socialiste – et, surtout, de nombreux néophytes.

Sayonara Genpatsu est très actif sur Internet, avec un site Web permanent[1], une présence significative sur les réseaux sociaux et la mise en ligne régulière de contenus médiatiques. Ses manifestations deviennent de véritables shows, avec concerts et interventions de célébrités. La présence du prix Nobel Kenzaburô Ôe à la manifestation du 19 septembre 2011, qui rassemble plus de 60 000 personnes à Tôkyô, marque les esprits de nombreux Japonais.

Médiatisation et internationalisation

Les antinucléaires entament – un peu – la mainmise absolue du « village nucléaire » sur les médias. Internet est pour eux un instrument essentiel en direction de la jeunesse. Mais ils peuvent aussi compter

1- http://sayonara-nukes.org/

sur trois quotidiens dont les tirages feraient pâlir d'envie tous les nôtres. Le *Mainichi Shimbun*, troisième plus grand titre du pays (plus de 5 millions d'exemplaires), qui saisit l'occasion de se démarquer de ses deux grands concurrents (voir p. 21), le *Tôkyô Shimbun* (1,8 million dans la capitale et autour), et *Akahata*, le quotidien communiste (1,7 million).

Par ailleurs, le mouvement s'internationalise. Les antinucléaires ont compris que les informations occultées par les grands médias japonais peuvent être mieux répercutées à l'étranger et revenir de là au Japon *via* Internet et la presse américaine. L'organisation d'événements communs avec des ONG internationales offre aussi une bonne vitrine. Ainsi la « conférence mondiale pour une sortie du nucléaire », organisée à Yokohama les 14 et 15 janvier 2012 sous l'impulsion de l'ONG Peace Boat avec des intervenants du monde entier, a rassemblé 12 000 participants.

D- Une stratégie multiforme

Les nouveaux antinucléaires japonais comprennent vite que manifester dans les quartiers « jeunes » comme Kôenji, Shibuya ou Shinjuku ne suffit pas : il faut porter le combat à Kasumigaseki. C'est là que sont les grands ministères, à commencer par le METI, la résidence du Premier ministre et le Parlement. Outre les manifestations, le mouvement y organise une action inédite sous forme d'un campement antinucléaire face au METI, dont les autorités n'avaient pas encore réussi à se débarrasser cinq ans plus tard.

Occuper Kasumigaseki

Ce sont des militants aguerris d'une organisation d'extrême gauche vouée à la défense de l'article 9 de la Constitution[1], conjointement avec l'Association des mères de Fukushima, qui ont créé le mouvement Occuper Kasumigaseki, sur un modèle inspiré des Indignés européens et d'Occupy Wall Street. Le 30 octobre 2011, deux grandes tentes (l'une pour les hommes, l'autre pour les femmes) sont dressées en toute illégalité en face du METI.

Peu médiatisé au début, le campement est soumis aux intimidations quotidiennes d'employés du ministère, mais aussi des nervis de l'extrême droite liée aux yakuzas qui prêtent traditionnellement la main au PLD en cas de besoin. La police installe autour des tentes des panneaux *Propriété d'Etat. Sit-in interdits.* Toutefois, rien ne se passe pendant trois mois. Le 27 janvier 2012, le METI ayant invoqué un risque d'incendie à cause du campement, la police décide d'expulser les militants. Mais les *keitai*[2] mobilisent dans l'heure un millier de personnes autour des tentes pour protéger ce qui est devenu le symbole de la pugnacité des antinucléaires au Japon. La présence de dizaines de journalistes dissuade le METI de faire recourir à la force, au risque de dégrader encore un

1- Par lequel le Japon « renonce à l'usage ou à la menace de la force pour régler les conflits internationaux ».

2- Téléphones portables. Voir dans la même collection Karyn Poupée, « Internet au Japon », dans *Internet en Asie*, *op. scit.*

peu plus son image, déjà bien écornée par la révélation de ses liaisons incestueuses avec les opérateurs du nucléaire et l'incurie criminelle de sa prétendue Agence de « sécurité » nucléaire.

Quatre ans plus tard, le campement a changé plusieurs fois de nom – « Campement pour la sortie du nucléaire », « Campement qui fait face au METI » – mais il tient bon. Les militants s'y retrouvent encore pour échanger et discuter, notamment lors des manifestations organisées chaque vendredi soir, depuis mai 2012, à quelques centaines de mètres de là, face à la résidence officielle du Premier ministre, par une nouvelle organisation, la Coalition antinucléaire de Tôkyô, dont le leader est une jeune femme au look punk qui se fait appeler Misao Red Wolf.

« Assiéger le Premier ministre » : les manifestations du vendredi

Alors que Sayonora Genpatsu continue d'organiser tous les deux ou trois mois dans la capitale des manifestations de plusieurs dizaines de milliers de personnes, la Coalition de Tôkyô inaugure en mai 2012 une nouvelle stratégie : organiser chaque vendredi soir un rassemblement devant la résidence du Premier ministre. Avec une meneuse punk flanquée d'acolytes en mode *street wear*, rien ne laissait présager que ce mouvement serait à l'origine de la plus grande manifestation que le Japon ait connue depuis cinquante ans.

Le premier rassemblement ne compte que quelques centaines de participants. Le dernier réacteur de l'Archipel encore en marche vient d'être mis à l'arrêt pour entretien. Le Japon est alors *de facto* « sorti du nucléaire ». Mais le gouvernement, soucieux d'écourter au maximum ce très fâcheux précédent, a donné son accord pour redémarrer dès fin juin deux réacteurs à la centrale d'Oi (préfecture de Fukui) après des *stress tests* hâtivement menés. A mesure que l'échéance approche, le rassemblement du vendredi connaît un succès croissant : des milliers, puis des dizaines de milliers de personnes, dont la plupart y viennent après leur travail. Largement ignoré par les grands médias, il se fait connaître *via* les réseaux sociaux et les quelques journaux sympathisants de la cause.

Le 29 juin 2012, à la veille du redémarrage prévu des réacteurs d'Oi, la mobilisation prend une ampleur jamais vue. Les grands médias – à l'exception de la NHK – ne peuvent pas dissimuler qu'il y avait 150 000 manifestants et qu'ils ont osé forcer les cordons de police. Le lendemain, tous les journaux font leur une sur ce qu'ils baptisent la « révolution des Hortensias[1] ». Les semaines suivantes, les rassemblements se poursuivent. La police érige désormais des barrières pour contenir la foule sur les trottoirs. Dans cette presse, des manifestants, dont beaucoup sont âgés, font des malaises et doivent être évacués en ambulance.

1- Au Japon, les hortensias fleurissent en juin. Par référence à la « révolution de Jasmin » de 2011 en Tunisie.

Quand Misao Red Wolf va au Conseil des ministres

Le Premier ministre démocrate Yoshihiko Noda change de stratégie. En août, après l'avoir joué « droit dans ses bottes » (il a répondu à une journaliste que de sa résidence il n'entendait pas les manifestants), il convie les responsables de la Coalition et d'autres groupes dans la salle du Conseil des ministres, pour une discussion avec les ministres concernés. Le dialogue entre Misao Red Wolf et ses acolytes, pour une fois en complets veston, est diffusé en direct à la télévision.

Cette scène quelque peu surréaliste n'en est pas moins suivie en septembre par l'annonce que le gouvernement, après avoir réfléchi à trois scénarios de mix énergétique réservant au nucléaire 25 %, 15 % ou 0 %, penche pour le dernier… avant de faire machine arrière sous la pression du « village nucléaire » japonais, mais aussi des ambassades française et britannique. Trois mois plus tard, la victoire du PLD aux législatives rendait tout le pouvoir aux partisans du redémarrage des réacteurs.

Après avoir entrevu la victoire, les antinucléaires déchantent. Ils sont largement majoritaires dans l'opinion : selon la quasi-totalité des sondages depuis 2012, seul 30 % des Japonais sont favorables au redémarrage du parc. Mais leurs divisions et leur incapacité à obtenir le soutien de partis hors les plus marginaux (le PCJ et le très peu qui reste des socialistes) les rendent incapables de peser politiquement. La défaite du ticket antinucléaire aux élections du gouverneur de Tôkyô en 2014 est le symbole de cette impuissance. Aux élections locales, la plupart des gouverneurs et des maires inféodés au « village nucléaire » tiennent bon. Et ni l'élection d'un antinucléaire indépendant au Sénat en 2013 ni le bon score du PCJ aux législatives de 2014 (11,4 %) ne sauraient compenser ces déconvenues répétées.

La guérilla judiciaire contre le redémarrage du parc

La partie n'est pourtant pas encore tout à fait gagnée pour le « village nucléaire ». Le redémarrage des réacteurs est désormais conditionné par les nouvelles normes de sécurité édictées par la toute nouvelle Autorité de régulation nucléaire japonaise (NRA), qui sont plus exigeantes que les *stress tests* imposés en catastrophe au lendemain de Fukushima et qui étaient censés suffire pour redémarrer les réacteurs de Fukui. Au printemps 2015, quatre réacteurs avaient obtenu le feu vert de la NRA. Deux à Satsuma-Sendai, dans la préfecture de Kagoshima, et deux autres à Takahama, dans celle de Fukui. Les autorités locales (le gouverneur et les maires des « communes concernées », dont le choix est assez arbitraire) ayant donné leur accord, le redémarrage était possible.

Dans un dernier effort, à Kagoshima comme à Fukui, plusieurs milliers de citoyens portent alors l'affaire en justice. Ce n'est pas une première : en 1973 déjà, à Ikata dans l'île de Shikoku, un groupe de plaignants avaient mené un long procès pour obtenir l'arrêt de la construction d'une centrale. A Fukui, le juge Hideaki Higuchi interdit le redémarrage des réacteurs au motif que le risque sismique est trop grand, en avril 2015. Mais à Kagoshima, un mois plus tard, son confrère déboute les plaignants, bien que la centrale soit située près d'un volcan actif.

Ces décisions dépendent beaucoup de la personnalité du juge ; M. Higuchi est connu pour sa méfiance envers le nucléaire. Les affaires vont aller en appel, et le processus risque d'être long. En attendant, un réacteur dans la centrale de Satsuma-Sendai a progressivement redémarré le 10 août 2015, connaissant cependant des dysfonctionnements dès les premiers jours. Un second a été redémarré fin 2015. La lutte continue pour les antinucléaires japonais, plus forts qu'ils n'ont jamais été et soutenus pour l'heure par une grande majorité de l'opinion.

L'incroyable vigueur des antinucléaires taiwanais

Taipei, 27 avril 2014

En ce dimanche de printemps, un mois après l'occupation du Parlement par les étudiants du Sunflower Movement[1], les citoyens taiwanais sont de retour dans les rues. En plein centre de la capitale, près de 50 000 antinucléaires défilent pour demander l'abandon définitif de la construction de la centrale

1- Mouvement étudiant de protestation contre un projet d'accord de libre-échange sur les services avec la Chine.

de Lungmen (voir p. 85). Le Parti démocrate progressiste (PDP, opposition) a aussi appelé à manifester. Comme à Tôkyô, ces manifestants sont de tous âges et de toutes conditions, et beaucoup sont venus en famille avec les enfants.

Vers 16 heures, un *sit-in* géant commence face à la gare centrale. Des milliers de personnes installent des tentes et se préparent à une occupation. Comme quelques mois plus tard à Hong Kong lors la « révolution des Parapluies », la stratégie est simple : on ne bouge pas avant d'avoir obtenu satisfaction.

L'occupation d'un point névralgique du réseau de transport de la capitale risque de perturber fortement toute son activité. Le maire de Taipei exige que le campement soit évacué avant le lundi matin. Malgré les injonctions répétées de la police, les occupants ne bougent pas. Les forces antiémeute interviennent à 2 h 30 du matin, utilisant les canons à eau malgré la présence d'enfants dans les tentes. A 7 h du matin, les derniers occupants, au coude à coude et trempés jusqu'aux os, sont arrêtés et placés en garde à vue.

Mais après le Sunflower Movement, le Guomindang au pouvoir a senti le vent du boulet pour la deuxième fois en deux mois. Le président Ma Ying-jeou lâche du lest : la centrale de Lungmen, qui a coûté près de 10 milliards de dollars, ne sera pas mise en marche avant que les citoyens se prononcent par référendum. Depuis, les antinucléaires demandent désormais une sortie totale du nucléaire.

A- Deux points de crispation : Lanyu et Lungmen

Le fort rejet du nucléaire à Taiwan s'explique aisément. Il s'y produit chaque année plusieurs centaines de séismes, dont celui de 1999, d'une intensité de 7,3 sur l'échelle de Richter, qui a fait plusieurs milliers de morts. Et sur une île pas plus grande que la Bretagne mais qui compte 23 millions d'habitants, la population n'aurait nulle part où évacuer en cas de catastrophe nucléaire. Ce serait le chaos. Fukushima a exacerbé les craintes, qui se sont cristallisées autour de deux points chauds.

Le lecteur connaît déjà Lanyu, l'île des aborigènes Tao transformée en poubelle nucléaire qui fuit. En février 2012, quelques centaines de Tao y ont manifesté pour demander le démantèlement des installations où sont stockés quelque 100 000 barils de déchets radioactifs. Mais c'est la centrale de Lungmen qui est le point le plus chaud. Un journaliste l'a baptisée le « Frankenstein nucléaire », tant elle apparaît comme un assemblage de composants venant d'un peu partout, et tant la maîtrise d'ouvrage y semble incertaine. On la surnomme aussi la « centrale japonaise », car les entreprises nippones y jouent un grand rôle, ce qui n'est pas pour inspirer confiance depuis le 11 mars 2011. Certains ingénieurs la qualifient même de « centrale la plus dangereuse au monde ».

Déjà en 2010, une petite chaîne humaine avait tenté de bloquer le chantier. En 2011, au lendemain de Fukushima, quelques centaines de manifestants défilent à Taipei ; ils demandent l'arrêt des travaux à Lungmen, mais aussi l'arrêt progressif des trois autres centrales de l'île. A l'élection présidentielle de janvier 2012, aucun candidat n'ose s'affirmer pronucléaire. Mais les manifestations ne décollent pas : le 11 mars 2012, ils ne sont que 2 000 à se mobiliser à Taipei pour le deuxième anniversaire de la catastrophe.

Un an plus tard, pour le troisième anniversaire de Fukushima, le mouvement prend soudainement de l'ampleur car le parti Guomindang au pouvoir, à l'approche d'élections présidentielles, croit de bonne politique d'évoquer la possibilité d'un référendum sur Lungmen. Le 11 mars 2013, près de 70 000 personnes défilent dans plusieurs villes de l'île, et encore 10 000 en mai à Taipei. La mobilisation se poursuit jusqu'à l'été, avec des *sit-in* près des quatre centrales de l'île.

En mars 2014, la contestation prend une ampleur inédite, en raison de la conjonction de la mobilisation antinucléaire en mémoire de Fukushima et du Sunflower Movement. Cette fois, ce sont près de 130 000 antinucléaires qui défilent, dont 50 000 à Taipei. Plusieurs grandes organisations sont présentes. Taiwan Environmental Protection Union (TEPU) est liée au Parti démocrate progressiste (PDP, opposition). Mais Green Citizen's Action Alliance (GCAA), apparue dans les années 2000, se tient à l'écart de l'échiquier politique et utilise de nouvelles formes de mobilisation, plus radicales.

C'est dans ce contexte d'effervescence démocratique que M. Lin Yi-hsiung, figure historique de l'opposition, âgé de 73 ans, commence une grève de la faim pour exiger l'arrêt définitif de la construction de Lungmen, mais aussi l'abaissement du seuil qui permet aux citoyens d'obtenir l'organisation d'un référendum, afin d'y soumettre le nucléaire.

B- Un héros national contre le nucléaire : Lin Yi-hsiung

Un martyr du long combat pour la démocratie

Lin Yi-hsiung est considéré par les Taiwanais comme un martyr de la lutte pour la démocratie contre la dictature du Guomindang, parti unique de l'île jusqu'en 1986. Principale figure de l'opposition, il a été emprisonné pendant des années, et battu dans sa cellule. Après que sa mère a alerté Amnesty International, elle a été retrouvée morte, poignardée avec les deux filles de M. Lin, dans sa résidence pourtant « surveillée » 24 h/24 par la police.

Libéré en 1984, M. Lin se réfugie aux Etats-Unis. A son retour en 1989, il s'engage à la fois dans le combat contre le nucléaire et pour la démocratie. Membre fondateur du PDP, il en prend la présidence en 1998 et, en 2000, c'est lui qui mène la campagne qui donne la victoire au PDP à l'élection présidentielle, après un demi-siècle de règne du Guomindang. Le nouveau président avait promis l'arrêt des travaux de Lungmen, mais le PDP fait volte-face après quelques mois. A la surprise générale, M. Lin quitte alors la présidence du parti. En 2006, il rend sa carte, jugeant que celui-ci s'est embourbé dans la politique politicienne et est coupé des réalités sociales.

C'est donc un vieux lutteur glorieux qui redescend dans l'arène à 73 ans, le 22 avril 2014. L'événement est savamment mis en scène. Le bâtiment où M. Lin s'enferme pour jeûner n'est autre que son ancienne résidence – là où ses filles cadettes et sa mère ont été retrouvées mortes –, reconvertie en église presbytérienne. Un sanctuaire de la lutte pour la démocratie et le symbole de son martyre… Après avoir annoncé sa décision de jeûner jusqu'à la mort s'il le faut, il s'enferme dans le silence.

Cette action suscite une intense émotion médiatique et populaire. Les visiteurs se pressent dans l'église. Le président du PDP peine à contenir ses larmes en s'indignant devant les caméras que le vieux combattant ait dû recourir à ce moyen désespéré au soir d'une vie de luttes. Missionné par le président Ma, le Premier ministre rend également visite à M. Lin et exprime son inquiétude pour sa santé – sous les huées des centaines de manifestant massés autour de l'église. Des veillées sont organisées à travers le pays en soutien à M. Lin, puis des manifestations. Le premier samedi après le début de l'action de M. Lin, ils sont des milliers devant le palais présidentiel. Le lendemain 27 avril, comme on l'a vu, des dizaines de milliers devant la gare principale de Taipei.

Le président Ma promet que Lungmen ne sera pas mise en service avant qu'un référendum soit organisé. Les antinucléaires estiment avoir remporté une première bataille, et Lin Yi-hsiung cesse sa grève de la faim.

C- Les antinucléaires, les partis et la société civile

La mobilisation du 27 avril ne suffit pas pour expliquer ce recul du gouvernement. Depuis quelques années, c'est toute la société civile taiwanaise qui est en ébullition, et pas seulement contre l'industrie nucléaire.

Les antinucléaires et le PDP : de l'alliance à l'éloignement

Le mouvement antinucléaire est parti prenante du processus de démocratisation qui a transformé Taiwan depuis 1986, date également de l'accident de Tchernobyl. A l'instar des Philippines ou de l'Indonésie (voir p. 91 et 94), la lutte pour la démocratie et celle contre le nucléaire sont intimement liées. Ce n'est donc pas un hasard si certains des fondateurs du PDP étaient aussi des antinucléaires très connus.

En 1987, le PDP a contribué à la création du TEPU, qui est toujours la principale organisation antinucléaire de l'île. A la différence de leurs homologues japonais, les antinucléaires taiwanais disposent donc d'un relais politique majeur. Au risque, comme l'écrivait en 2011 Paul Jobin, sociologue résidant à Taiwan, que « leur destin soit totalement lié aux performances électorales du PDP ». On pourrait ajouter, au vu de la volte-face de ce dernier en 2000 : « Et à sa bonne volonté. »

Ce n'est pas pour rien que M. Lin a rendu sa carte du parti. Comme lui, une partie des antinucléaires se sont éloignés du PDP, lui reprochant de s'être détourné de leur lutte, voire de l'avoir trahie. Les premières critiques remontent à 1996, avec la défection de certains membres du TEPU qui créent un Parti vert taiwanais. Cette formation ne prospère pas, mais les années 2000 voient émerger une nouvelle génération d'antinucléaires qui se détournent du jeu parlementaire au profit de nouvelles formes de mobilisation citoyenne. Ce divorce est apparent dès les premières manifestations post-Fukushima. Des figures du PDP y sont présentes, mais Paul Jobin, observant celle du 20 mars 2011 à Taipei, décrit un groupe d'étudiants du réseau No Nukes qui se tiennent ostensiblement sur les côtés avec deux banderole qui proclament *Lungmen, une coproduction Guomindang-PDP*, et *Nous ne serons pas les jouets de leurs manœuvres politiques*.

Contre le nucléaire et pour la démocratie : la convergence des luttes

Cette nouvelle génération qui réinvestit la rue s'organise pour l'essentiel au sein de la Green Citizen's Action Alliance (GCAA), qui est aujourd'hui le principal interlocuteur des antinucléaires japonais[1],

1- Depuis plusieurs années, Ban Hideyuki, président du CNIC, se rend fréquemment à Taiwan.

et son militantisme n'est pas uniquement axé sur le nucléaire. En 2014, les activistes du GCAA ont aussi été très présents dans le Sunflower Movement.

Cette mobilisation, dont les étudiants étaient le fer de lance, résultait de l'inquiétude suscitée par la négociation d'un accord de libre-échange avec Pékin. Les contestataires craignaient qu'un tel accord conduise tôt ou tard Taiwan à être intégré à la RPC sur le fameux modèle « un Etat, deux systèmes », qui n'a pas vraiment fait ses preuves à Hong Kong. La démocratie, si chèrement acquise après un demi-siècle de dictature du Guomindang, semblait d'autant plus menacée que le gouvernement tentait de passer en force au Parlement.

Le Sunflower Movement culmine en mars 2014 avec l'occupation du Parlement par des étudiants, soutenus à l'extérieur par un demi-million de manifestants. Le gouvernement reporte des négociations avec Pékin. Bien que peu mentionnés dans les médias, les jeunes activistes du GCAA ont apporté au mouvement leur expérience en matière de prise de parole et de mobilisation, leur aide logistique et même des fonds de soutien. Un mois plus tard, c'est dans la foulée de ce succès, et en partie avec les mêmes acteurs, que s'est déroulée la mobilisation du 27 avril qui a abouti à l'arrêt des travaux à Lungmen.

A quelques années de la victoire ?

Cette victoire n'a pas démobilisé les anti-nucléaires. Pour le quatrième anniversaire de

Fukushima, en mars 2015, ils ont encore été plus de 30000 à défiler à Taipei, et 15000 dans le reste du pays. Nouvel objectif: l'arrêt des trois vieilles centrales de Jinshan, Kuosheng et Maanshan.

Ils pourraient bien l'atteindre à très court terme. Les piscines de refroidissement, situées dans les mêmes bâtiments que les réacteurs pour entreposer leur combustible usagé, arriveront à saturation dès 2015 et 2016. Les réacteurs devront alors s'arrêter si une solution alternative n'est pas trouvée. L'île de Lanyu sature et n'est pas adaptée pour recevoir des déchets hautement radioactifs. Les autorités cherchent donc à les exporter et multiplient les contacts, avec la Mongolie et la France, entre autres.

Mais même si une solution est trouvée, les réacteurs des trois centrales atteindront la limite de leur durée de vie (40 ans) en 2018, 2021 et 2025 respectivement, et l'Agence de sûreté nucléaire a refusé de la prolonger. Le mouvement antinucléaire taiwanais semble proche d'une victoire totale : le choix n'est plus entre sortir ou non du nucléaire, mais entre une sortie quasi immédiate ou à un peu plus long terme.

INDE.
LES ANTINUCLÉAIRES EN BUTTE À LA RÉPRESSION

A la différence de leurs homologues japonais et surtout taiwanais, les antinucléaires indiens sont à la peine. La classe moyenne urbaine, clé des équilibres politique et idéologique[1], est obsédée par le vieux rêve nationaliste de devenir une puissance régionale. Pour cela, le sous-continent doit maintenir coûte que coûte une croissance de l'ordre de 7 %[2], ce qui exige une augmentation soutenue de la production d'énergie. Et pour y parvenir, le nucléaire semble indispensable au gouvernement.

En outre, la possession de l'arme atomique est un immense sujet de fierté (voir p. 105), et les médias ne sont guère plus critiques sur le nucléaire qu'au Japon. Les antinucléaires peuvent donc apparaître comme des « antinationaux » opposés à ce qui fait la puissance militaire, et demain économique, de l'Inde. Dans ce contexte, depuis l'accession au pouvoir de Narendra Modi et de son BJP (Bharatiya Janata Party) – le parti ultranationaliste hindou –, le mouvement est en proie à une répression inédite, violente et paranoïaque, qui ne cesse de s'accentuer

Cependant, les luttes acharnées menées ici et là contre la construction d'installations nucléaires par les populations rurales et tribales, tout comme le désastre sanitaire autour des mines d'uranium montrent que le nucléaire en Inde ne fait pas que des heureux, surtout en bas de l'échelle sociale.

1- Voir dans la même collection Gilles Verniers, « Les défis de la démocratie en Inde », dans *La Démocratie en Asie*, *op. cit.*

2- De 2010 à 2014, elle a été de 7,3 % en moyenne (source : *World Bank National Accounts Data*).

A- Un mouvement « antinational » sur liste noire

Kumar Sundaram, le « Ghandi antinucléaire »

Mars 2015. Je rencontre Kumar Sundaram lors d'un de ses passages à Tôkyô. Peut-être son dernier, me dit-il : il craint que le gouvernement indien lui retire son passeport. Son crime ? Etre l'un des représentants les plus connus des antinucléaires indiens. Celui que la presse étrangère surnomme parfois le « Ghandi antinucléaire » dérange particulièrement les autorités parce que son anglais parfait et sa bonne connaissance du japonais en font un excellent porte-parole du mouvement à l'international[1].

Son nom, comme celui de l'organisation qu'il représente – la Coalition pour le désarmement nucléaire et la paix (CNDP) –, est désormais sur la liste des personnalités et organisations « antinationales » établie en juillet 2014 par le gouvernement Modi. Une liste noire sans aucun fondement légal, mais qui constitue une véritable campagne d'intimidation contre les ONG critiques envers la politique du gouvernement, en les assimilant à des quasi-terroristes.

Priya Pillai, militante de Greenpeace India, en a fait les frais en février 2015. Chargée du dossier des populations tribales du Madhya Pradesh menacées par l'exploitation d'une mine de charbon concédée

1- Il anime aussi le site anglophone DiaNuke.org, une référence pour les antinucléaires en Asie.

à une société britannique, elle devait se rendre à Londres pour rencontrer des parlementaires britanniques. Son billet ayant été réservé un soir à 21 h 30, elle a reçu dès le lendemain matin une interdiction de sortie du territoire. La raison ? « Activités antinationales » : ses critiques pouvaient compromettre des investissements étrangers en Inde.

Le « village nucléaire » indien

M. Sundaram a fait ses premières armes comme chercheur au Center for International Politics, Organization and Disarmament (CIPOD) de l'université Jawaharlal Nehru. Selon lui, il s'agit d'un « centre de recherche conservateur où le mot "désarmement" ne sert qu'à faire joli ». D'ailleurs, ajoute-t-il, « en Inde, la grande majorité des chercheurs en relations internationales sont favorables aux armes nucléaires, tout comme les classes moyennes et supérieures des villes. Et les médias de masse font chorus, au nom du prestige national ».

Ce soutien va de pair avec celui pour le nucléaire civil, qui se nourrit de la volonté de voir l'Inde devenir une puissance économique capable de rivaliser avec le voisin-ennemi chinois. Il se retrouve dans tout le champ politique. Même les partis de gauche, communistes compris, sont pro-nucléaires. *Dixit* M. Sundaram : « Ils se contentent de dénoncer la mainmise américaine ou occidentale sur la construction des centrales. »

La cohésion du « village nucléaire » indien a peu à envier à celle de son homologue japonais. Et comme dans l'Archipel avant Fukushima, l'organisme chargé du contrôle de l'industrie nucléaire, l'Atomic Energy Regulation Board (AERB), est placé sous celui de l'organisation même chargée de son développement, le Département à l'énergie atomique (DAE), lui-même placé sous le contrôle direct du Premier ministre.

La CNDP

Aucune contestation donc ? Voire. Car suite aux essais nucléaires de 1998, un réseau de 120 organisations antinucléaires et pacifistes locales a vu le jour en 2000 : la CDNP. Sa grande figure fondatrice est Praful Bidway, un journaliste et militant pacifiste qui s'est éteint en 2015. La CDNP se donne pour mission de coordonner les luttes au niveau national et de les faire connaître au-delà des frontières.

La première convention de la Coalition à New Delhi a été un événement national. Six cents délégués venaient de tous les Etats, depuis les opposants au site de tests nucléaires de Pohkran (Rajasthan) à ceux qui combattent les mines d'uranium de Jaduguda (Jharkhand) ou la construction de la centrale de Kudankulam (Tamil Nadu). De nombreux intellectuels pacifistes étaient également présents, à l'exemple de la romancière Arundhati Roy, ainsi qu'une cinquantaine de délégués de la Pakistan Peace Coalition.

La CNDP est dirigée par un comité de coordination de 50 membres, dont la moitié doivent être choisis hors de New Delhi. La Coalition se réunit deux fois par an, mais les luttes locales contre la construction de centrales sont, elles, incessantes.

A l'origine, la Coalition était surtout préoccupée par les armes atomiques. Mais, depuis que l'accord américano-indien de 2008 a donné le feu vert à l'Inde en matière de nucléaire civil et alors que six réacteurs sont en construction aujourd'hui et une trentaine en projet, le nucléaire civil ne saurait être absent des débats. Malgré des divergences, un consensus s'instaure sur la dangerosité de cette énergie et surtout sur le coût prohibitif qu'elle pourrait avoir pour l'Inde.

Toutefois, l'accord de 2008 a une importance géostratégique majeure pour l'Inde, dans la mesure où il peut lui assurer l'amitié intéressée des Etats-Unis pour contrer les ambitions régionales de la Chine. Il a permis à Areva, au Russe Rosatom et à l'Américain Westinghouse de décrocher de gros contrats sur lesquels il serait donc très difficile de revenir. Et face à la résistance qu'elles rencontrent au niveau local, les autorités mettent en œuvre une répression violente et parfois meurtrière – qui n'en vient pourtant pas à bout.

B- Résistances éparses, répression brutale

Jaitapur : l'EPR a déjà fait un mort

Le village de Jaitapur est situé à 400 km au sud de Bombay, dans une crique sauvage à la biodiversité exceptionnelle. C'est là qu'Areva s'apprête à construire les deux premiers des six EPR qu'elle a vendus à l'Inde en 2010. Quand ils seront tous en service, Jaitapur sera la plus puissante centrale du monde (10 000 MW).

La victoire du très nationaliste BPJ en 2014 a inquiété le lobby nucléaire français. Cette inquiétude a valu à l'Inde un traitement de faveur, d'autant plus que Paris s'inquiétait aussi pour le super-contrat de l'avion de combat Rafale. La première visite officielle de François Hollande à l'étranger après son élection a été pour le sous-continent, et il a reçu M. Modi en grande pompe en 2015.

Pourtant, la construction de Jaitapur est contestée. Les sismologues considèrent la région comme une zone à haut risque où pourrait se produire un séisme supérieur à 6 sur l'échelle de Richter. Et, bien plus gênant, les communautés de paysans et de pêcheurs concernées font de la résistance.

Pour amadouer les paysans, dont plusieurs centaines d'hectares de terres devaient être expropriées, New Delhi a pourtant bien fait les choses. En général, l'Etat paye entre 50 000 et 250 000 roupies l'hectare. A Jaitapur, il en a offert le prix le plus haut jamais proposé en Inde : 2 millions, soit près de 30 000 euros. Pourtant, à peine 5 % des 2 334 propriétaires concernés ont accepté, pour la plupart des personnes qui ne résident pas sur place. Pour les autres, il a fallu procéder d'autorité.

Les pêcheurs sont plus décidés encore que les paysans. Leurs quelque 600 bateaux rapportent chaque jour plus de 50 000 crevettes et une moisson de fruits de mer revendus même à l'export. Les rejets d'eau chaude de la centrale dans la mer pourraient les ruiner. Sans compter la mauvaise réputation qui colle aux côtes près des centrales et fait fuir le consommateur. Les pêcheurs japonais l'appellent la « rouille nucléaire ». Ceux de Jaitapur ont le sentiment de jouer leur vie et n'ont que faire de la promesse de nouvelles infrastructures et d'un approvisionnement en électricité sans coupures (incessantes en Inde).

Les villageois se sont donc battus avec acharnement. En avril 2011, un mois seulement après Fukushima, la Nuclear Power Corporation of India Ltd (NPCIL) a commencé à ériger le mur d'enceinte de la future centrale sur les terrains expropriés. Les contestataires harcèlent le chantier jour après jour. Le 18 avril, 800 hommes qui tentent de bloquer les travaux affrontent 500 policiers sur le site. Dans le village, où femmes et enfants sont restés, la tension monte quand la rumeur circule que des hommes ont été arrêtés. La police est débordée. La State Police Reserve Force arrive en renfort et tire sur la foule. Des femmes et des enfants sont blessés, et un homme tué : Tabrez Sayekar, première victime de l'EPR.

Aucune enquête n'a été ouverte. Le sous-préfet de région, qui a donné l'ordre de tirer, a été muté avec promotion dans un autre district. La presse locale a docilement repris la thèse officielle sur les circonstances du drame : la foule était violente.

Trois mille personnes ont assisté aux funérailles de Tabrez Sayekar, désormais considéré comme un *shahid* (martyr) par la population majoritairement musulmane. La tension restant toujours aussi vive, la répression a ensuite ciblé les meneurs locaux du mouvement, comme la militante Vaishali Patil, qui a reçu ordre de quitter le village et risque deux ans de prison si elle s'y rend.

Areva embourbé

Aujourd'hui, le site de Jaitapur est défendu par une enceinte de 3 km, haute de 3 m et couronnée de barbelés aux lames coupantes. Mais le chantier n'a pas démarré. Comme en Finlande et à Flamanville, le coût du réacteur fleuron d'Areva s'avère faramineux, et l'Agence nucléaire indienne refuse de payer. Des négociations interminables se sont engagées, non seulement sur le coût de la construction, mais aussi sur celui du kilowattheure, qui pourrait s'avérer bien plus cher que prévu.

Un autre point bloque le chantier : Areva refuse *mordicus* de garantir la moindre compensation en cas d'accident nucléaire. Une telle garantie est pourtant prévue depuis 2012 par la *Convention on Supplementary Compensation* (CSC) de l'AIEA. Il est vrai que seulement quatre Etats l'ont ratifiée à ce jour, mais l'Inde dispose depuis 2010 d'une loi qui rend ces compensations obligatoires. Pour autant, Areva ne veut rien savoir. M. Sundaram, lui, ironise : « Areva claironne partout que ses centrales sont les plus sûres du monde, mais elle se braque dès qu'on évoque les compensations. De là à penser que la sûreté n'est pas parfaite… » Les très graves défauts de fabrication découverts en 2015 à Flamanville par l'Autorité française de sûreté du nucléaire semblent bien donner raison au « Gandhi antinucléaire ».

Pas de quoi encourager les habitants de Jaitapur à croire à l'avenir radieux que leur promettrait la centrale. Ils ne sont d'ailleurs pas les seuls, comme en témoigne le dernier baroud désespéré livré en 2012 par les villageois de Kudankulam (Tamil-Nadu) pour tenter d'empêcher le démarrage de deux réacteurs construits par Rosatom. Une lutte qui se poursuit depuis plus de vingt ans.

Kudankulam : affrontements sur la plage

Une photo prise par le photoreporter Amirtharaj Stephen le 10 septembre 2012 montre au loin la centrale. Dans l'eau et sur la plage, des milliers de villageois qui occupent les lieux jour et nuit depuis le début du mois. A quelques dizaines de mètres au-dessus de la foule, un avion des gardes-côtes effectue un rase-mottes menaçant. Des centaines de policiers chargent brutalement, l'air est saturé de gaz lacrymogènes, les blessés se comptent par dizaines et les arrestations par centaines. Une journée de lutte banale à Kudankulam.

Le projet de la centrale remonte au premier essai nucléaire indien, dit « Bouddha souriant », en 1974. Les Occidentaux ayant cessé de soutenir son programme nucléaire, New Delhi s'est alors adressé à l'URSS. En 1988, un accord a été signé par le Premier ministre Rajiv Gandhi et Mikhaïl Gorbatchev pour la construction de Kudankulam, mais aussi la vente de matériel militaire.

On est trois ans après Tchernobyl et cinq après la tragédie de Bhopal. La résistance est quasi immédiate. En mai 1989, 10 000 protestataires se rassemblent à l'appel de la National Fish Worker's Union. Le meeting dégénère quand la police fait débrancher les micros des orateurs, puis ouvre le feu. La chute de l'URSS et l'assassinat de Rajiv Gandhi mettent le projet entre parenthèses.

Il ressurgit en 1997. La Russie et l'Inde signent pour la construction de deux réacteurs de troisième génération VVER-1000. Les autorités avancent prudemment, promettent emplois et développement… L'opposition des villageois et des pêcheurs reste latente, mais beaucoup y croient, ce qui permet de racheter sans trop de troubles plus de 1 000 hectares de terres. Le démarrage de la centrale est prévu pour octobre 2011.

La catastrophe de Fukushima – même là – relance la mobilisation. La perspective d'un accident nucléaire a de quoi terrifier : un million de personnes vivent dans un rayon de 30 km autour de la centrale. La lutte reprend en août 2011 avec des manifestations qui rassemblent des milliers de personnes et une grève de la faim menée par 127 villageois.

Pour calmer le jeu, le démarrage de la centrale est reporté à mars 2012. Mais les dernières opérations rencontrent une résistance farouche. Les pêcheurs bloquent l'accès au port pour empêcher la livraison du combustible, et la population occupe la plage pour les soutenir. En août 2012, après l'arrestation de plus de 500 militants, ces actions se font quotidiennes, jusqu'à la journée du 10 septembre.

Finalement, un des réacteurs a été démarré en mars 2013. Mais la tension reste très vive. En novembre et décembre 2014, plusieurs bombes artisanales ont fait 6 morts dans le village d'Indinthakarai, connu pour son soutien indéfectible au projet.

C- La tragédie des « sans-voix » de Jaduguda[1]

Outre le démarrage des centrales, la mobilisation antinucléaire apparaît aussi là où l'industrie nucléaire cause depuis longtemps de graves problèmes de santé. Dans les centrales du sous-continent, selon Greenpeace India, l'exposition des travailleurs aux radiations serait dix fois supérieure à la moyenne mondiale. Mais il n'y a pas que les centrales…

Nous sommes assis ici,
ignorants de ce qui nous arrive.
Les souffrances de nos ancêtres
ne sont rien
comparées à ce qui nous attend.

Chant adivasi, anonyme.

1- Parfois orthographié Jadugoda ou Jadugora.

Autour des mines d'uranium de Jaduguda dans l'Etat du Jharkhand, limitrophe du Bangladesh, une tragédie silencieuse se poursuit depuis des décennies. La région, indépendante depuis 2000, est peuplée à près de 30 % d'une population aborigène déshéritée et maltraitée, les Adivasis, dont les chants traditionnels résonnent des souffrances du passé. Le Jharkhand est l'une des régions de l'Inde les plus riches en termes de biodiversité. Pour son malheur, elle recèle aussi des richesses minières surexploitées depuis l'ère industrielle : charbon, minerai de fer, bauxite, cuivre, amiante, manganèse – et de l'uranium, découvert en 1951 à Jaduguda, une communauté rurale dispersée en hameaux.

A ce jour, Jaduguda est encore la seule mine de l'Inde. Confiée à l'entreprise publique Uranium Corporation of India Limited (UCIL), elle a permis à l'Inde de réaliser son rêve de nucléaire en faisant exploser sa première bombe en 1974. Mais pour les Adivasis, le rêve de l'Inde a tourné au cauchemar.

« A Jaduguda, le Bouddha ne sourit plus »

Les ouvriers de la mine sont les premières victimes. Travaillant sans aucune protection, pas même des masques, ils inhalent en permanence du radon, un gaz extrêmement radioactif issu de l'extraction et du concassage du minerai d'uranium. La plupart n'ont qu'une visite médicale tous les dix ans, et beaucoup meurent très jeunes. En 1979, soutenus par la Fédération indienne des syndicats, ils ont réclamé la fixation d'une limite annuelle d'exposition aux radiations. En vain : le fait qu'UCIL soit le premier employeur de la région a aussi beaucoup contribué à faire taire le mécontentement.

Le complexe minier aujourd'hui est composé de sept sites d'extraction dispersés dans un rayon de 25 km, mais le traitement se fait principalement à Jaduguda. Chaque jour, plus de 2 000 tonnes de minerai sont extraites et transportées par des camions non bâchés, qui en sèment en route sur des dizaines de km. On le broie et on le dissout, et le *yellow cake*[1] ainsi produit est mis dans des fûts qui sont chargés sur de simples camions ; des vidéos en montrent qui laissent s'échapper un liquide jaunâtre.

Chaque année, pour 200 tonnes de *yellow cake* produites, ce sont plus de 300 000 tonnes de résidus qui sont déversées dans d'immenses bassins sous forme de boues radioactives contenant du thorium, du radion et des métaux lourds (mercure, plomb). Les bassins contiennent aussi du césium-137 provenant de combustible usé, car ils ont aussi servi de décharge pour les déchets faiblement radioactifs des centrales du pays.

Ces bassins contaminent les villages des Adivasis, sans qu'aucun avertissement ne leur soit donné par l'UCIL. Certains utilisent l'eau pour se laver et faire leur lessive, d'autres des quartiers de roche issus de l'extraction d'uranium comme matériel de

1- Une poudre pâteuse d'uranium concentré, produit final de l'étape d'extraction.

construction. De décennie en décennie, ces bassins se sont multipliés, chassant les habitants, contaminant terres et bétail, et dégageant des rayons gamma qui peuvent causer de multiples maladies.

Chez les Adivasis, l'espérance de vie est en chute constante. On ne compte plus les cancers, les maladies de peau, comme l'hyperkératose, et les problèmes respiratoires. Les femmes sont atteintes d'infertilité, ce qui les condamne à l'exclusion sociale, ou multiplient les fausses couches. Les cas extrêmes sont glaçants. « Dans un village, une femme a connu trois fausses couches, et cinq de ses enfants sont morts dès la première semaine de cancers fulgurants », rapporte le photoreporter Chinki Shukla, auteur d'un reportage sur place en 2012.

Les enfants malformés sont légion[1]. La doctoresse Sangamitra Gadekar, spécialiste des risques sanitaires liés aux radiations, raconte en avoir vu des centaines dans les hameaux de Jaduguda. Ils présentent des déformations osseuses, des doigts en plus ou en moins, des parties du corps hypertrophiées (mégacéphalies, etc.). Ces pathologies se transmettent de génération en génération. « A Jaduguda, le Boudha ne sourit plus – dit un militant –, il pleure sur tous nos enfants malformés. »

1- D'après une étude de 2008 auprès de 9 110 personnes dans cinq villages proches des bassins, la mortalité infantile liée à des malformations congénitales y est sept fois supérieure à celle du groupe témoin, et l'infertilité des femmes supérieure de 50 %. Dr Shakeel ur Rahman, *Study on Health Status of Indigenous People around Jadugoda*, Indian Doctors for Peace and Development, 2008.

C'est la faute aux victimes !

Pour le Dr Gadekar, le lien entre ces pathologies et l'uranium ne fait aucun doute : on a observé les mêmes chez les habitants d'Hiroshima et Nagasaki. Aucun doute non plus pour le comité environnemental du Conseil législatif de l'Etat de Bihar[1], qui avait conclu dans les années 1990 à la nécessité d'évacuer et de reloger les populations dans un rayon de 5 km autour des mines.

Une mesure dont l'UCIL ne voit pas la nécessité. L'entreprise, soutenue par le Département de l'énergie atomique, son agence de tutelle, nie en bloc le problème. Avec un aplomb confondant et un mépris sans fard pour les populations tribales, elle assure que les maladies des Adivasis sont dues « à leur absence d'hygiène et à leur consommation d'alcool ».

Résistances vaines

Dans des populations parmi les plus déshéritées et auxquelles aucune information n'était fournie, la mobilisation est restée minimale. Néanmoins, à la fin des années 1990, un début de résistance s'est organisé autour de l'Organisation du Jharkhand contre les radiations (JOAR), mené par Ghanshyam Beruli. Celle-ci demande *a minima* le relogement des riverains les plus proches des bassins, la prise en charge des maladies liées à l'exposition aux

1- Jusqu'en 2000, le Jharkand faisait partie de l'Etat du Bihar.

radiations et l'analyse de l'impact sanitaire des mines par une équipe multidisciplinaire de scientifiques indépendants.

Face à l'indifférence de l'UCIL, JOAR l'a poursuivie en justice. En 2000, la Cour suprême a accepté d'examiner le dossier et, en 2003, le gouvernement a formé une commission d'experts. La plupart sont issus de l'industrie nucléaire : ils concluent que l'exposition aux radiations n'excède pas les seuils légaux[1] et que l'UCIL a beaucoup fait pour le développement de la région. En 2004, la Cour suprême a débouté JOAR. Mais, en 2014, la Haute Cour de justice du Jharkhand a engagé une action de son propre chef et demandé une nouvelle étude sur les cas de malformations dans les hameaux de Jaduguda.

A défaut que le Bouddha puisse jamais retrouver le sourire à Jaduguda, la seule chose qui pourrait à long terme soulager un peu les populations serait l'arrêt des mines. Elles sont *de facto* arrêtées depuis septembre 2014, car le renouvellement du bail accordé par l'Etat à l'UCIL est bloqué par le département des forêts du Jharkhand, chargé du respect des normes environnementales. En outre, Jaduguda – dont le minerai est de faible qualité – n'a plus la même importance stratégique pour l'Inde depuis les accords de 2008, qui lui permettent d'importer du

1- Selon le professeur japonais Hiroaki Koide, qui a enquêté à Jaduguda, la radioactivité ambiante atteint parfois 10 mSv/an dans les villages les plus proches des bassins (soit 10 fois la dose légale en France). *Radioactive Contamination around Jaduguda Uranium Mine in India*, Research Reactor Institute, Kyoto University, 2004.

combustible nucléaire, ainsi que la découverte d'un des plus grands gisements d'uranium du monde dans l'Andhra Pradesh en 2012.

*
* *

Au Jharkhand comme ailleurs, les contestataires ont d'autant moins de chances de succès que la venue de M. Modi au pouvoir a accru la pression sur les organisations antinucléaires, désormais accusées de saboter l'économie nationale.

En 2014, un rapport des services secrets a accusé un certain nombre d'ONG, dont le CNDP, Greenpeace et Amnesty International, de travailler contre les intérêts du pays et sur ordre de l'étranger, et prétend qu'il en coûterait à l'Inde 2 % à 3 % de son PIB. Ce rapport dénonçait nommément des activistes de grand renom comme Kumar Sundaram et Praful Bidway (CNDP), S.P. Udaykumar (People's Movement Against Nuclear Energy, Kudankulam) et Priya Pillai (Greenpeace India). Dans la foulée, le ministère de l'Intérieur a engagé contre Greenpeace India une action pour « atteinte à l'intérêt national » devant la Haute Cour de New Delhi.

Les autorités cherchent à asphyxier les ONG. En 2015, 69 d'entre elles, dont près de la moitié vouées à aider les minorités discriminées, se sont vu interdire de recevoir des fonds de l'étranger. Greenpeace India est à nouveau particulièrement visé. Ses comptes bancaires en Inde même ont été bloqués, ce qui l'empêchait de payer ses employés. La justice a suspendu ce blocage pour que l'ONG puisse les payer et continuer à recevoir des dons d'origine indienne. Mais les autorités semblent désormais chercher à la faire interdire. Au Tamil Nadu (l'Etat où se situe Kudankulam), l'enregistrement de Greenpeace comme société a été remis en cause après une fouille de ses bureaux qui aurait opportunément révélé des « anomalies » dans ses comptes.

Dans une Inde engagée dans une véritable course nucléaire avec la Chine, il est permis de craindre que cet acharnement du gouvernement à faire taire les antinucléaires ne présage rien de bon pour la sécurité des centrales qui devraient s'y multiplier.

En guise de conclusion

Dans une Asie en pleine évolution, où les besoins en énergie sont immenses, les effets de la catastrophe de Fukushima et l'activisme croissant des sociétés civiles contrarient le rêve de disposer, avec le nucléaire, d'une énergie « propre », à défaut de pouvoir être encore qualifiée de « sûre ». A la lumière de ce qui précède, il appartient au lecteur de former lui-même son jugement sur ce que cette énergie peut ou non apporter à l'Asie.

Pour ma part, à la lumière de mon expérience personnelle, je voudrais conclure par un bref retour sur la « machine à faire accepter », d'une part, et sur la manière dont les intérêts de la France sont engagés dans l'avenir du nucléaire en Asie, d'autre part.

Ambassades en Asie : VRP de l'atome ?

Lors d'un entretien final pour un poste d'assistant au service de presse à l'ambassade de France à Tôkyô en 2013, le ministre-conseiller de l'ambassade m'a demandé abruptement : « Êtes-vous pro- ou antinucléaire ? » Cette question n'avait rien à voir avec la discussion en cours (on m'avait demandé une synthèse d'articles sur l'augmentation de la TVA japonaise), et probablement beaucoup avec le fait que j'avais réalisé mon mémoire et un certain nombre d'articles dans la presse sur les antinucléaires nippons. J'ai tenté d'esquiver en demandant le pourquoi de cette question. La réponse a eu le mérite de la franchise : « Je vous la pose, voyez-vous, car ici nous défendons les intérêts de la France. Et les intérêts de la France au Japon, c'est le nucléaire. » Ont suivi une série de questions sur mes « opinions ». Une assistante, tout sourires, m'a demandé ce que je faisais encore à Tôkyô si je pensais que la contamination radioactive était dangereuse. Simple exercice pour voir comment je saurais m'en sortir, ou chasse aux sorcières ?

Au lecteur d'apprécier, sachant que l'ambassadeur de France au Japon à l'époque avait siégé au conseil d'administration d'Areva, et y est retourné à la fin de sa mission. Et le quotidien *Tôkyô Shimbun*, très critique sur le nucléaire, a été écarté de la revue de presse de l'ambassade au prétexte qu'il serait d'« extrême gauche » (*sic*).

Au demeurant, les Japonais ne sont pas moins prudents. Un « chasseur de têtes » nippon m'ayant contacté par courriel pour un poste de communication internationale à… Tepco, j'ai exprimé mon intérêt par curiosité. Une question m'est arrivé par retour : « Avant toute chose, puis-je me permettre de vous demander s'il y a dans votre famille ou celle de votre petite amie [*sic*] des personnes ayant des activités contre le nucléaire ? Je suis désolé, mais récemment un autre candidat très intéressé a été recalé parce que sa femme était antinucléaire [...]. » L'histoire ne dit pas comment Tepco fait pour débusquer les épouses antinucléaires.

En Inde, la journaliste Naïké Desquesnes a connu des déboires similaires. Invitée par les Alliances françaises pour des conférences sur la place du nucléaire dans les médias français, japonais et indiens après Fukushima, on lui a signifié peu avant son départ l'annulation de cette tournée, sans doute car cela risquait de perturber les négociations sur la vente de centrales par Areva. Bien que l'ambassade de France à New Delhi s'en soit défendue sur Mediapart, la journaliste a appris par la suite de « source sûre » que c'était bien elle qui était intervenue. L'ambassade se serait aussi plainte au quotidien *The Hindu* de la position « antifrançaise » d'une journaliste qui avait critiqué le contrat signé pour Jaitapur par Areva.

Les ambassades de France en Asie en VRP du nucléaire ? Il est vrai que, dans les turbulences que traverse Areva, le marché asiatique n'est pas rien pour elle.

Les tribulations d'Areva en Asie

En 2007, la région Asie-Pacifique représentait 20 % du chiffre d'affaires d'Areva, dont près de la moitié pour le seul Japon, où il dépassait 500 millions d'euros par an. Ce qui était encore un fleuron de l'industrie française ambitionnait de le porter à un milliard. Tchernobyl était loin, les incidents à répétition dans le parc nucléaire nippon superbement ignorés, et Areva venait de livrer l'usine de retraitement de Rokkasho-mura. Que celle-ci n'ait jamais pu être mise en service dix ans après n'a pas empêché le contrat d'avoir été très profitable. Et avec ou sans Rokkasho, le retraitement rapporte gros : une noria de cargos convoient depuis des décennies les déchets nucléaires nippons vers La Hague, d'où ils sont renvoyés vitrifiés ou sous forme de ce très dangereux MOX dont était chargé le réacteur n° 3 de Fukushima.

Depuis Fukushima, l'activité d'Areva dans l'Archipel est proche de zéro, hormis quelques contrats pour améliorer la sécurité des centrales, démanteler Fukushima-1 et gérer le retour des déchets japonais traités à La Hague. Ces déboires ont certainement pesé dans les graves difficultés financières qui ont conduit à l'absorption de la branche nucléaire d'Areva (Areva NP) par EDF et une possible entrée dans son capital des Japonais Mitsubishi Heavy Industries, Westinghouse-Toshiba ou de l'entreprise publique chinoise China National Nuclear Corp.

Areva a donc mis ses espoirs dans les nouveaux pays nucléarisés d'Asie. Deux EPR ont été vendus en Chine et six en Inde, assortis de l'exclusivité de la livraison du combustible pendant des années – mais le risque ne peut plus être écarté que l'EPR s'avère une catastrophe industrielle. La France est aussi très bien placée pour assurer le retraitement du combustible des centrales taiwanaises dans l'avenir – si toutefois le nucléaire a encore un avenir à Taiwan.

La situation semble heureusement plus calme en Mongolie, où Areva détient la part du lion dans les mines d'uranium.

Ces contrats ont été obtenus dans une compétition acharnée. Outre ses concurrents traditionnels (Rosatom, General Electric, Toshiba-Westinghouse) et comme eux, Areva doit désormais rivaliser également avec les pays asiatiques émergents qui proposent des centrales à prix cassés. Son échec aux Emirats arabes unis en 2004 face à la Corée du Sud semble n'être qu'un avant-goût – en attendant que la Chine entre pleinement dans la danse grâce aux technologies dont elle impose le transfert à qui veut décrocher des contrats en RPC.

Le nucléaire à l'épreuve des sociétés civiles

Un point commun à tous les acteurs de l'industrie nucléaire est leur peu de goût pour la clarté et la contestation. Le développement du nucléaire en Asie se fait encore trop souvent en force, au mépris de l'avis des populations, de la sécurité et de l'environnement. Trop souvent, le nucléaire et la démocratie ne semblent pas faire très bon ménage.

Ce n'est pas un hasard si les pays qui développent le plus aisément leur parc nucléaire aujourd'hui sont ceux où la société civile a peu ou pas le droit de s'exprimer. La Chine et le Vietnam, héritage des dictatures communistes oblige. Mais aussi l'Inde, la « plus grande démocratie au monde », où les antinucléaires (entre autres) font face à une répression grandissante depuis l'arrivée au pouvoir du BPJ.

A l'inverse, et malgré la corruption largement utilisée, le lobby nucléaire a été mis en échec dans des pays comme les Philippines, l'Indonésie et peut-être la Thaïlande. La démocratie n'y est certes pas parfaite, mais l'émergence d'une société civile très active et de mieux en mieux organisée a permis l'organisation de mouvements antinucléaires tenaces. La centrale-musée des Philippines est comme un monument à leurs victoires.

Cependant, les communicants du nucléaire sont maîtres dans l'art de faire accepter, faire croire et dissimuler – et ils ont de très gros moyens. C'est sans doute au Japon qu'on peut mesurer le mieux à quel point des décennies de propagande ont, au sens propre, lavé le cerveau d'une grande partie de la population.

Celles qui ne savaient pas et ne voulaient pas croire

Une anecdote parmi bien d'autres… Un soir, dans un bar d'Ikebukuro, où je partage avec deux étudiantes quelques brochettes et un pichet de vin rouge local qui me fait penser que décidément, non, le Japon n'a pas une grande culture vinicole, la discussion vient sur le nucléaire. Comme j'évoque au détour d'une phrase le fait que tous les réacteurs nippons sont arrêtés depuis plus de deux ans, mes deux interlocutrices ouvrent des yeux ronds. L'une est en doctorat, l'autre est en master et ambitionne de devenir journaliste – et elles refusent tout simplement de me croire.

Comme j'insiste, elles dégainent leurs *keitai* pour vérifier. En découvrant la vérité, elles poussent ces grands « ééééé ! » qui manifestent au Japon la totale stupéfaction. Stupéfait, je ne le suis pas moins en découvrant la méconnaissance de certain(e)s Japonais(e)s sur ce qui se passe dans leur pays. Ironie suprême : l'une des deux travaille à mi-temps… chez Tepco, dans le service d'indemnisation des réfugiés du nucléaire !

J'avais déjà rencontré à Tôkyô des Français qui refusaient de croire que le Japon était *de facto* sorti du nucléaire. Mais deux Japonaises d'un très bon niveau d'éducation, et dont l'une travaille chez Tepco ! On mesure à quel point les médias inféodés au « village nucléaire » peuvent dissimuler certaines vérités et ont réussi à enfoncer dans les têtes de toute une génération que la vie est impensable sans le nucléaire. Pour mes deux compagnes de ce soir-là, que les lumières de Tôkyô puissent continuer à fonctionner sans lui était au-delà de ce qu'elles pouvaient accepter de croire, aussi longtemps du moins que le sacro-saint *keitai* ne le leur avait pas confirmé.

Certes, les compagnies d'électricité déplorent sur tous les tons que le Japon sevré de nucléaire doive importer massivement des hydrocarbures qui plombent la balance commerciale, font monter le prix de l'électricité et produisent quantité de gaz à effets de serre. Certes. Mais ce sont aussi elles qui freinent de leur mieux le développement des énergies renouvelables, afin de se donner encore le plus de temps possible pour amortir les investissements pharaoniques qu'elles ont faits dans le nucléaire.

Encore que, plus clairvoyantes en cela que les nucléocrates français, Tepco et Cie aient déjà compris que l'avenir des industriels du nucléaire est désormais au moins autant dans l'arrêt des équipements obsolètes et leur démantèlement (sous les applaudissements du public) que dans la construction de centrales toujours plus nombreuses (sous les huées). Les Japonais ont déjà prévu de ne pas redémarrer certains des réacteurs arrêtés, et ils comptent bien que l'expertise qu'ils acquerront en les démantelant sera de plus en plus exportable à mesure que le parc mondial vieillira. A long terme, l'avenir des industriels du nucléaire pourrait bien être d'investir ainsi dans leur propre fin, pour se reconvertir. « Faire et défaire, c'est toujours travailler », et donc profiter.

L'Asie, futur eldorado des énergies renouvelables ?

Un jour peut-être, l'humanité se demandera par quelle aberration ses ancêtres avaient bien pu penser que fissionner des atomes d'uranium pour faire bouillir de l'eau, créer de la vapeur et faire tourner des turbines était une meilleure solution que d'utiliser les énergies naturelles renouvelables. Et l'Asie, même si l'industrie du nucléaire y voit aujourd'hui son marché d'avenir, pourrait bien jouer un rôle dans cette prise de conscience. Aujourd'hui, le choix pronucléaire des dirigeants empêche les plus grands pays de la région d'investir massivement dans les énergies renouvelables et les économies d'énergie. Mais demain ?

La Chine entend bien se doter d'un puissant parc nucléaire, mais elle n'en est pas moins un champion des énergies renouvelables. Avec 67,7 milliards de dollars d'investissement en 2012, elle dispute désormais la première place aux Etats-Unis dans ce domaine. En 2020, Pékin table sur 400 GW d'énergies éolienne et solaire dans son mix énergétique, ce qui pourrait porter leur part à 15 %, contre seulement 4 % aujourd'hui. Pour ce faire, elle a entrepris – entre autres – la construction dans le Gansu du plus grand parc éolien au monde : doté d'une capacité de 6 000 MW (équivalant à celle de Kashiwazaki-Kariwa, la plus grande centrale nucléaire au monde), ce parc devrait atteindre les 20 000 MW en 2020 – le tiers du parc nucléaire français…

En Inde, après le développement de plusieurs grands projets innovants en matière de solaire, les investissements se sont tassés (- 44 % en 2012). Mais, en 2015, le Japonais Softbank, qui est l'un des investisseurs les plus novateurs et imaginatifs de l'Archipel, a décidé d'investir pas moins de 20 milliards de dollars dans le solaire en Inde, soit l'équivalent de deux réacteurs EPR (à leur prix actuel à Flamanville).

Au Japon, la loi de 2012 sur les énergies renouvelables les encourage par un régime fiscal favorable et oblige en principe les compagnies d'électricité à acheter toute la production. Les investissements dans ce secteur ont aussitôt bondi de 75 % et atteint 16,3 milliards de dollars, du jamais vu. A Fukushima, face à la centrale sinistrée, Marubeni, avec le soutien du METI, fait construire aujourd'hui un parc éolien flottant expérimental, avec des turbines dont la capacité peut atteindre 7 MW. Dans les campagnes en voie de dépeuplement, où des dizaines de milliers d'hectares retournent à la friche, des milliers de champs de panneaux solaires seraient en construction.

Deux ans après Fukushima, les nouvelles énergies renouvelables (hors hydraulique) avaient une capacité de 10 GW, dont 96 % de solaire, et, en incluant l'hydroélectricité, leur part dans le mix énergétique dépassait déjà 10 %. D'après l'Association japonaise des énergies photovoltaïques, la capacité du solaire devrait atteindre 102 GW d'ici à 2030. Et la préfecture de Fukushima a annoncé son intention de ne plus utiliser que de l'électricité issue d'énergies renouvelables en 2040.

En 2015 cependant, les compagnies d'électricité ont cassé cet élan en se défaisant de leur obligation d'acheter. Or la place des énergies renouvelables dans le mix énergétique reste officiellement fixée entre 22 % et 24 % à l'horizon 2030 (contre 20 % à 22 % au nucléaire) d'après le METI. Le ministère de l'Environnement, pour sa part, les voyait même dépasser 30 %, mais le METI a « recadré » ces prévisions, histoire de montrer que c'est encore lui qui commande en matière de nucléaire, en dépit de la délocalisation de la NRA. On peut donc penser que Tepco et Cie, après avoir ainsi montré leurs muscles aux nouveaux acteurs du secteur de l'énergie renouvelable et les avoir mis en difficulté afin de racheter à bas prix les plus prometteurs d'entre eux, entreront en force sur ce créneau qui, à la différence du nucléaire, ne peut que croître dans l'avenir.

La surprise pourrait aussi venir des deux pays qui semblent avoir le plus franchement renoncé au nucléaire : l'Indonésie et les Philippines. Ces dernières ont l'ambition de tirer 50 % de leur électricité d'énergies renouvelables en 2030, notamment grâce à des projets en matière de géothermie profonde, dont certains sont en cours de réalisation. Pour sa part, l'Indonésie ambitionne 25 %. Les deux pays sont encouragés dans cette voie par l'exemple proche de la Nouvelle-Zélande, dont 80 % de l'électricité provenait déjà d'énergies renouvelables en 2014 et qui compte atteindre 90 % dès 2025. Un autre acteur tout désigné pour porter le drapeau des énergies renouvelables – par son niveau technologique, sa richesse, ses contraintes géographiques de cité-Etat et la sophistication de ses élites – pourrait être Singapour.

Alors pourquoi l'Asie, pas encore complètement nucléarisée mais déjà largement antinucléaire au niveau des sociétés civiles, ne serait-elle pas un jour, plutôt que l'« eldorado du nucléaire », celui des énergies renouvelables ?

Pour en savoir plus

(*en plus des titres cités dans les notes et les références*)

GENERALITES

Basrur, Rajesh, et Collin, Koh Swee (dir.), *Nuclear Power and Energy Security in Asia*, Routledge, 2012.

Tertrais, Bruno, *Atlas mondial du nucléaire. Civil et militaire*, Autrement, 2011.

JAPON

Aldrich, Daniel P., *Site Fights: Divisive Facilities and Civil Society in Japan and the West*, Cornell University Press, 2008.

Bonnefoy, Raymond De et Haber, Daniel, *Fukushima. Chronologie d'un désastre annoncé*, L'Harmattan, 2012.

Bouissou, Jean-Marie, *Géopolitique du Japon. Une île face au monde*, PUF, 2014.

Ferrier, Michaël, *Fukushima, récit d'un désastre*, Gallimard, 2012.

Filine, Arkadi (dir.), *Oublier Fukushima. Textes et documents*, Les Editions du Bout de la Ville, 2012.

Gaulène, Mathieu, *Mouvement antinucléaire et changement démocratique au Japon. Le cas de la mobilisation contre l'usine de retraitement de Rokkasho-mura* (mémoire de master), Sciences Po, 2009.

Guarnieri, Franck (dir.), *L'Accident de Fukushima Dai Ichi. Le récit du directeur de la centrale* (volume 1 : *L'Anéantissement)*, Presse des Mines, 2015.

Honma, Ryu, *Genpatsu kôkoku* [*La Publicité du nucléaire*], Akizero, 2013.

Kamata, Satoshi, *Genpatsu rettô wo iku* [*Voyage dans l'Archipel nucléaire*], Shûeisha, 2001.

Kingston, Jeff (dir.), *Natural Disaster and Nuclear Crisis in Japan. Response and Recovery after Japan's 3/11*, Routledge, 2012.

Ôe, Kenzaburô, *Notes de Hiroshima*, Gallimard, 1996.

Ribault, Thierry, et Lévy, Christine (dir.), *Ebisu,* Maison franco-japonaise, numéro spécial : *Catastrophes du 11 mars 2011, désastre de Fukushima. Fractures et émergences,* 2012.

Suzuki, Tomohito, *Yakuza to genpatsu. Fukushima daiichi sennyûki* [*Les Yakuzas et le nucléaire. Récit d'une infiltration à Fukushima-1*], Bungeishunjû, 2014.

Tabusa, Keiko, *Nuclear Politics: Exploring the Nexus between Citizens'Movements and Public Policy in Japan*, (thèse), Columbia University, 1992.

LE MILITAIRE NUCLEAIRE

Cumin, David, et Joubert, Jean-Paul, *Le Japon, puissance nucléaire ?,* L'Harmattan, 2003.

Cumings, Bruce, *The Korean War. A History*, Modern Library Paperback Editions, 2011.

Fouquoire-Brillet, Elisabeth, *La Chine et le nucléaire*, Que sais-je ?, 1999.

Ganguly, Sumit, et Kapur, S. Paul, *Nuclear Proliferation in South Asia. Crisis Behaviour and the Bomb*, Routledge, 2009.

Sagan, Scott, et Waltz, Kenneth, *The Spread of Nuclear Weapons. A Debate*, W. W. Norton, 1995.

Walker, William, *A Perpetual Menace. Nuclear Weapons and International Order*, Routledge, 2012.

SITES/BLOGS

World Nuclear Association, http://www.world-nuclear.org/

Japan Focus, « Japan's 3.11 Earthquake, Tsunami, Atomic Meltdown », www.japanfocus.org

Le blog de Fukushima, http://www.fukushima-blog.com/

Nuclear Monitor, WISE, www.wiseinternational.org

CNIC, Nuke Info Tôkyô, http://www.cnic.jp/english/newsletter/index.html

Dialogues and Resources on Nuclear, Nature and Society, http://www.dianuke.org/

REFERENCES COMPLEMENTAIRES PAR PAYS

(par ordre d'entrée en scène)

Données générales

Sauf indication contraire, les données sur les programmes nucléaires civils sont tirées de World Nuclear Association, *World Nuclear Power Reactors & Uranium Requirements*, world-nuclear.org et de AIEA, Power Reactor Information System (PRIS).

Sauf indication contraire, les données sur les arsenaux militaires proviennent du *SIPRI Year 2015.*

Japon

Le programme nucléaire civil

David Cyranoski, « Japan plan nuclear power expansion », *Nature* 464 (661), 31 mars 2010; Ambassade du Japon en France, *Le Japon et le nucléaire: Lettre aux médias*, 2006; AIE-OCDE; *Nuclear Power in the OECD*, 2001 ; Agency for Natural Resources and Energy, *Fiscal 2006 : Annual Energy Report*; Samuele Furfari, *Le monde et l'énergie. Enjeux géopolitiques,* 2008 / Entretien avec le conseiller nucléaire de l'ambassade de France, décembre 2008 et mars 2015 / M. Nakasone: Keiko Tabusa [voir bibliographie]. / *Daigô Maryu*: Paul Jobin, *Maladies industrielles et renouveau syndical au Japon*, Ed. de l'EHESS, 2006 / Début du désamour: Jean-Marie Bouissou, *Quand les sumos apprennent à danser*, Fayard, 2002; « Thousands protest at Japan "Tchernobyl" test », *Japan Times* 13-2-1988 / Région droguées au nucléaire: Kamata Satoshi [voir bibliographie]; Bureau d'Aomori du *Asahi*, *Kakunen Manee* [*L'argent du nucléaire*], Iwanami Shoten, 2005. / La propagande pronucléaire: Daniel Aldrich, *Site Fights* [voir bibliographie]; Ryu Honma [voir bibliographie]; Tino Bruno, « La promotion du nucléaire civil dans la presse japonaise », *Ebisu*, n° 47, 2012; Mathieu Gaulène, « Yomiuri Shimbun, le géant de la presse nippone », *Ina Global*, 27-9- 2010 / Accidents: « L'accident survenu dans le surgénérateur de Monju », *La Gazette nucléaire*, n° 157-158, mai 1997; « Japan energy », *Japan Times*, 5-04-1973; Agence de l'OCDE pour l'énergie nucléaire, *L'accident de Tôkaimura*, 2000; « Court rejects lawsuit over Monju coverup suicide », *The Japan Times*, 15-05-2007.

L'accident de Fukushima et ses suites

Guarnieri (éd.) [voir bibliographie]; de Bonnefoy et Haber [*idem*]; Kingston [*idem*]; film *Nihon no genpatsu* [*Le nucléaire au Japon*], de Hiroyuki Kawai, nihontogenpatsu.com; *The Official Report of the Fukushima Nuclear Accident*, The National Diet of Japan, 2012 / 900 000 térabecquerels: Reuters, 24-04-2012 / Le nombre des décès: *Yomiuri*, 4-02-2012 ; *Tôkyô Shimbun*, 10-03-2012 / La liquidation: Kunio Horie [voir bibliographie], Tomohito Suzuki [*idem*]; Mathieu Gaulène, « Les clochards du nucléaire », *L'Express*, 2-04-2011 ; « Fukushima No. 1 workers exposed to high radiations… », *The Japan Times*, 10-05-2015; « Worker dies at Fukushima… », *Vice News*, 5-08-2015 / Problèmes sanitaires: Ribault, Thierry et Nadine, « Les sanctuaires de l'abîme. Chronique du désastre de Fukushima », *L'Encyclopédie des nuisances*, 2012; Eiichiro Ochiai, « Controversy: Radiation and nose bleeding in the wake of 3.11 », *The Asia-Pacific Journal*, vol. 11, 2014; Piers Williamson, « Demystifying the official discourse on childhood thyroid cancer in Fukushima », *The Asia-Pacific Journal*, vol. 12, décembre 2014 / Contamination : L'eau: http://radioactivity.nsr.go.jp/en/contents/11000/10073/24/194_20150731.pdf. Le béton: « Radioactive concrete is latest scare… », *abc news*, 1-01-2012/ « Le Japon a choisi d'incinérer… », *Le Figaro* 10-11-2014/Indemnisations: « Fukushima 2 ans après… », *Greenpeace International*, février 2013 / Politique énergétique : Michel de Pracontal, « Le Japon annonce sa sortie du nucléaire avant 2040 », *Mediapart*, 14 septembre 2012.

Le Japon et l'arme nucléaire

Walter E. Grunden, « Hungnam and the Japanese atomic bomb : a postwar myth », *Intelligence and National Security*, 13-02-1998 / Jean-Paul Joubert, *Le Japon. Puissance nucléaire*, L'Harmattan, 2003 / Tetsuo Maeda, *The Hidden Army. The Untold Story of Japan's Military Forces*, Editions Q, 1994 ; Per F. Dahl, *Heavy Water and the Wartime Race For Nuclear Energy*. CRC Press, 1999 / « Japan failed to report 640 kg of nuclear fuel... », *Japan Times*, 7-6-2014. « Japan's plutonium stockpile... », *The Wall Street Journal*, 15-7-2015 / Sur les « petites armes nucléaires » de Nakasone : *Livre blanc de 1970*, cité dans Jean Marie-Bouissou, « Le Japon et le monde. En quête d'un positionnement international », dans Jean-Marie Bouissou, *Le Japon contemporain*, Fayard, Paris, 2007, p. 500.

Le mouvement antinucléaire

Daniel Aldrich [voir bibliographie] / Sciences Po, dossier de presse « Energie au Japon » (1973-2005) / Interviews au CNIC avec Michiko Sawai et Philippe White (mars 2009) ; Philippe White (mars 2011) ; Hajime Matsukubo (avril 2015) ; Mathieu Gaulène [voir bibliographie].

Les énergies renouvelables

FY2013 Annual Report on Energy, METI, 2014 / « Can Japan recapture its solar power ? », *MIT Technology Review*, 18-12-2014 ; Manœuvres des compagnies d'électricité et du METI : *Asahi Shimbun*, 29-05-2015, *Mainichi*, 21-02-2015.

Corée du Sud

Source principale : World Nuclear Association (dernière consultation, 2015).

International Energy Agency, *Key World Energy Statistics 2014*, OECD/IEA ; « Nuclear to remain Korean mainstay », *World Nuclear News*, 10-12-2013 / Contrat avec EAU : « Why is the U.A.E. nuclear plant deal so important ? », *Korea JoongAng Daily*, 09-01-2010 / Cyberattaque et accidents : « La Corée du Sud teste ses centrales après une cyber-attaque », *Le Point*, 22-12-2014 ; « Corée du Sud. Fuite de gaz dans une centrale nucléaire, trois morts », *Ouest-France*, 26-12-2014 ; « South Korea might shut ageing nuclear reactor after cyberattack on operator », *South China Morning Post*, 13-01-2015 ; « South Korea warns of power shortages amid nuclear shut downs », *Reuters*, 11-08-2013 ; « New component issues idle Korean reactors », *World Nuclear News*,

28-05-2013 ; « Indictments for South Korea forgery scandal », *World Nuclear News*, 10-10-2013 / Sur les antinucléaires : « Anti-nuclear movement growing in Asia », *CS Monitor*, 27-01-2012 ; « Dioceses set up anti-nuclear group », *uca news*, 16-01-2012.

Chine

Le programme nucléaire civil

World Nuclear Association (dernière consultation, 2015) ; « La Chine relance son nucléaire civil », *Le Figaro*, 11-03-2015 / EPR en Chine : « Installation under way of Taishan 2 steam generators », *World Nuclear News*, 26-05-2015 / Heshan : « Public opposition defuses nuclear plans », *China Daily*, 23-08-2013. / « Hong Kong activists plan anti-nuclear march », *South China Morning Post*, 31-03-2011.

L'arme nucléaire

Elisabeth Fouquoire-Brillet, *La Chine et le nucléaire*, PUF, 1999 / « Qian Sanqiang, Chinese physicist on atom bomb… », *The New York Times*, 03-06-1992 / « Légère hausse de l'arsenal nucléaire chinois », *Le Monde*, 17-6-2015 / *SIPRI Yearbook*, 2015.

Les énergies renouvelables

« China's 2020 renewable energy targets… », *Reuters*, 19-05-2015 ; Jonathan Watts, « Winds of change blow through China… », *The Guardian*, 19-03-2012 ; « La Chine rejoint l'Agence internationale des énergies renouvelables (Irena) », *Le Monde*, 14-01-2013.

Vietnam

Source principale : Basrur et Collin, World Nuclear Association (dernière consultation, novembre 2015).

Historique : « Vietnam is ready to go nuclear ! », *21 st Century and Technology*, hiver 2009 / Contrats russes : « Leading the nuclear charge – Vietnam's quest to develop nuclear power », *Vision & Associates*, 19-02-2012 ; « Russia to build nuclear plant in Vietnam », *World Nuclear News*, 01-11-2010 ; « Russia to grant $8 bln loan to Vietnam to build first nuke plant », *Sputnik News*, 23-11-2011 / « US, Vietnam sign nuclear trade agreement », *Reuters*, 10-10-2013 ; « Korea picked as preferred bidder for Vietnam nuclear plants », *Chosun*, 29-03-2012 ; « Vietnam delays construction of first nuclear power plant », *Thanh Nien News*, 20-09-2014 ; « Analysis : Southeast Asia goes slow on nuclear », *Reuters*, 02-02-2012.

Inde

Source principale : World Nuclear Association (dernière consultation, 2015)

« Exporting disaster. The cost of selling CANDU reactors. India », CCNR.org, novembre 1996 ; « The darker side of the U.S.-India nuclear deal », *The Diplomat*, 13-02-2015 ; Raphaël Gutmann, « Le nucléaire civil en Inde. Intérêts économiques et enjeux géopolitiques », *Revue Tiers Monde*, 2011/3, n° 207, p. 25-41.

L'arme nucléaire

Ganguly et Kapur [voir bibliographie].

Le mouvement antinucléaire

Entretien avec Kumar Sundaram, 25 mars 2015 / Le voyage interdit à Londres : Outlookindia.com, 19-02-2015 / CNDP : « Nuclear disarmament and peace : report of national convention », *Economic and Political Weekly,* 35-50, 2000, pp. 4377-4379 / Jaitapur : Naiké Dek, « En Inde, parmi les résistants à l'EPR », *Revue Z,* n° 6, automne 2012 / Kudankulam : Amirta Raj Stephen, « Kudankulam: Nuclear plant in my backyard », *Days Japan*, vol. 11-5, mai 2014 ; « Commercial power generation begins at Kudankulam », *India TV News*, 31-12-2014 ; « Twenty years of resistance at Koodankulam », infochangeindia.org, septembre 2011 / Jaduguda : Chinki Shukla, « Indo uran kôzan no hôshanô osen » [*Pollution radioactive dans les mines d'uranium de l'Inde*], *Days Japan*, vol. 11-6, juin 2014 ; « Jaduguda's hapless children », *The Hindu*, 6-05-2006 ; « Le retour de la menace nucléaire à Jadugoda », *DPH Info*, 2011 / Répression des ONG : « Intelligence Bureau report raises fears of repression », *The Hindu Business Line*, 13-06-2014 / Greenpeace, *The Times of India*, 8-11-2014, 5-03-2015 et 23-07-2015.

Les énergies renouvelables

« SoftBank forming joint venture to invest in renewable energy in india », *The Wall Street Journal*, 23-06-2015.

Pakistan

Source principale : Basrur et Collin, World Nuclear Association et AIEA (dernière consultation, décembre 2015).

Syed Raza, « Drivers and impediments: Regional cooperation on the way to sustainable nuclear energy systems », PAEC, août 2012 ; « Karachi to have more nuclear plants », *Daily Times*, 30-03-2007 / Promesse Mitterrand : « Mitterrand breaks taboo in renewing nuclear cooperation with Pakistan », *The Washington Times*, 22-02-1990 / Prêt chinois : « La Chine prête 4,7 millions de dollars… », *Le Monde*, 02-01-2014 ; « 32 nuclear plants to produce 40000 MW: PAEC », *The News*, 27-02-2014.

L'arme nucléaire

Ganguly et Kapur [voir bibliographie] / Sur Khan : « Profile: Abdul Qadeer Khan », *BBC News*, 20-02-2004 ; « The wrath of Khan », *The Atlantic*, 01-11-2005.

Mongolie

Selenge Lkhagvajav, « The uranium extraction policy of Mongolia: The current situation », CNIC Japan, *Nuke Info Tokyo*, n° 163, 11-12 2014 / Nucléaire : accord d'Areva en Mongolie », lefigaro.fr, 26-10-2013 / « Mainichi scoop on Mongolia's nuclear plans highlights problems in dealing with waste », *Mainichi Shimbun*, 13-03-2012.

Taiwan

Le programme civil

Bureau of Energy, Ministry of Economic Affairs, *Energy Statistical Annual Reports*, 2015 / World Nuclear Association et AIEA (dernière consultation, décembre 2015) / « Taiwan to halt construction of fourth nuclear power plant », *Reuters*, 27-04-2014 ; « Tao protest against nuclear facility », *Taipei Times*, 21-02-2012.

Le mouvement antinucléaire

« Taiwan rocked by anti-nuclear protests », *The Diplomat*, 28-4-2014 / Paul Jobin, communication au Congrès mondial d'études taiwanaises (avril 2012 – « Taiwanese politics and nuclear risk… ») et échanges avec l'auteur (juillet 2015) / Interview de M. Hajime Matsukubo (CNIC), 16-04-2015 / « Qui veut les déchets nucléaires de Taiwan ? », *Journal de l'énergie*, 30-01-2015 ; « Protests against waste shipment from Taiwan to North Korea », *Nuclear Monitor*, 7-02-1997 / « Genpatsu tôketsu ! Shiminra tetsuya no teikô » [« Vers un gel des centrales nucléaires ! Résistance toute la nuit des citoyens »], *Days Japan*, vol. 11-6, juin 2014 ; « Lin starts anti-nuclear hunger strike », *Taipei Times*, 23-04-2014.

Thaïlande

Source principale : Basrur et Collin, World Nuclear Association (dernière consultation, décembre 2015).

« Current status of thailand's nuclear power program », EGAT (Electricity Generating Authority of Thailand), mars 2014 ; « Summary of Thailand power development plan 2012-2030 », EGAT, juin 2012 ; « La Thaïlande se met au nucléaire », *AFP*, 19-06-2007 ; « Thailand's power choices get harder », *Bangkok Post*, 26-03-2011 ; « Analysis : Southeast Asia goes slow on nuclear », *Reuters*, 02-02-2012 / Opposition forte : « 80 % of people oppose nuclear power plants », *The Nation*, 27-03-2011 ; « Thai civilian nuclear energy program : renewed focus and opportunity for cooperation », câble diplomatique américain (wikileaks) ; « Kalasin people rally against nuke plant », *The Bangkok Post*, 15-03-2011 / George N. Katsiaficas, *Asia's Unknown Uprisings*, PM Press, 2013.

Bangladesh

Source principale : Basrur et Collin, World Nuclear Association (dernière consultation, décembre 2015).

« La Russie va construire la première centrale nucléaire du Bangladesh », Usinenouvelle.com, 2-11-2011 / Lettre ouverte : voiceforjustice.org, 30-06-2013 / Inquiétude AIEA : « Roopur needs professional managment », *The Daily Star*, 01-01-2014.

Myanmar

« Nucléaire : Moscou en "négociations préliminaires" avec le Myanmar », *Les Echos*, 13-04-2015 ; « Still in the dark on Myanmar's nuclear ambitions », *Al Jazeera*, 19-08-2013.

Philippines

Source principale : Entretien avec Corazon Valdez Fabros (Nuclear Free Philippines Association), 16-06-2015 ; Basrur et Collin [voir bibliographie].

« Analysis : Southeast Asia goes slow on nuclear », *Reuters*, 02-02-2012 / « Slow progress in renewable energy in Philippines », *The Strait Times*, 26-10-2015.

Indonésie

Source principale : Basrur et Collin [voir bibliographie], World Nuclear Association (consulté en juin 2015).

« Analysis : Southeast Asia goes slow on nuclear », *Reuters*, 02-02-2012.

Corée du Nord

Source principale : Cumings [voir bibliographie] ; World Nuclear Association (consulté en décembre 2015).

« Pyongyang : un réacteur nucléaire redémarré », *Le Figaro*, 21-01-2015.

Conclusion

« Des conférences sur le nucléaire annulées… », *Mediapart*, 26-11-2011 / Areva, *Areva au Japon*, dossier de presse, avril 2008 / « Areva doit affronter un marché nucléaire déprimé », *Le Figaro*, 04-03-2015.

L'AUTEUR

Mathieu Gaulène est diplômé de l'IEP d'Aix-en-Provence et de Sciences Po Paris (master Asie). Journaliste et spécialiste du Japon, où il réside depuis cinq ans, il a notamment écrit sur Fukushima et ses conséquences, la politique énergétique du Japon et l'opposition au nucléaire pour des publications telles qu'*Alternatives internationales*, *Mediapart*, *Politis*, *Rue89* ou *Slate*. Il est l'auteur d'un mémoire sur le mouvement antinucléaire japonais (2009) et a publié un article sur « La promotion du nucléaire au Japon » pour la revue d'études japonaises *Ebisu* (2012, traduit en japonais en 2013).

Il s'intéresse également à la culture populaire, sur laquelle il a publié des articles dans *Ina-Global*, ainsi qu'un chapitre de *L'Animation japonaise en France* (L'Harmattan, à paraître).

TABLE DES MATIÈRES